Monika Kraus-Wildegger

FEELGOOD MANAGEMENT

Für Minh und Roberto

Monika Kraus-Wildegger

FEELGOOD MANAGEMENT

Mit Wertschätzung und Menschlichkeit
erfolgreich in die Arbeitswelt von morgen

Bibliografische Information der Deutschen Nationalbibliothek
Die Deutsche Nationalbibliothek verzeichnet diese Publikation
in der Deutschen Nationalbibliografie; detaillierte bibliografische
Daten sind im Internet über *http://dnb.dnb.de* abrufbar.

metro**politan** – ein Imprint des Walhalla Fachverlags
www.metropolitan.de

1. Auflage 2019
© Walhalla u. Praetoria Verlag GmbH & Co. KG, Regensburg
Alle Rechte, insbesondere das Recht der Vervielfältigung und Verbreitung
sowie der Übersetzung, vorbehalten. Kein Teil des Werkes darf in
irgendeiner Form (durch Fotokopie, Datenübertragung oder ein anderes
Verfahren) ohne schriftliche Genehmigung des Verlages reproduziert oder
unter Verwendung elektronischer Systeme gespeichert, verarbeitet,
vervielfältigt oder verbreitet werden.
Produktion: Walhalla Fachverlag, 93042 Regensburg
Printed in Germany
ISBN 978-3-96186-020-3

INHALT

We think too much and feel too little.
More than machinery, we need humanity;
more than cleverness, we need kindness and gentleness.

CHARLIE CHAPLIN

SPRECHEN SIE DIE SPRACHE DER HERZENSMITARBEITER

Für immer mehr Menschen steht das Wohlfühlen in und mit dem Unternehmen als menschliches Grundbedürfnis vor der reinen Erfüllung der Anforderungen. Unternehmen müssen für sich die Frage beantworten können: Wofür wollen wir als Unternehmen stehen und welche Arbeitsbeziehungen möchten wir pflegen?

Die Zukunft gehört Organisationen, die es verstehen, neben interessanten Aufgaben und Herausforderungen den Nachweis der Menschlichkeit führen zu können.

Firmen, die heute ein Feelgood Management-System implementiert haben, kennen die Bedürfnisse ihrer Mitarbeiter. Sie wissen, wo sie stehen und wo noch Luft nach oben ist. Sie verfügen über einen Systemansatz, mit dem sie Rahmenbedingungen etablieren, die das Wohlfühlen in und mit dem Unternehmen kultivieren helfen.

In den kommenden Kapiteln werde ich ausführlich beleuchten, warum Menschlichkeit ein zunehmend wichtiger Wert für Unternehmen ist. In der Herleitung werden cross-funktionale Perspektiven aus der Neurobiologie, Psychologie, Organisationssoziologie, und Philosophien zu New Work und Führung eingenommen.

Ich schreibe dieses Buch in Anerkennung für Menschen, denen das Wohl ihres Unternehmens am Herzen liegt. Für Menschen, die sich täglich dafür einsetzen, dass zwischenmenschliches Wohlsein und emotionale Verbundenheit Teil der Arbeit sind und als solche gelebt werden. Es sind Menschen, denen es nicht egal ist, dass die Arbeitsatmosphäre nicht stimmt. Ihre Arbeitszeit verstehen sie als Teil ihrer Lebenszeit. Sie sind aus vollem Herzen bei der Arbeit, setzen sich aus freien Stücken für ein herzlicheres Miteinander ein, oft ohne dafür Wertschätzung zu erfahren.

Was treibt sie an? – Es ist ihnen eine Herzensangelegenheit. Was ist ihr Handwerkszeug? – Emotionale Intelligenz und ein Schatz an menschlichen Erfahrungen und Einfühlungsvermögen.

Mein Appell an Unternehmen und Führungskräfte: Überlassen Sie die Gestaltung Ihrer Unternehmenskultur nicht dem Zufall, dem Flurfunk oder gar Managementberatern. Besinnen Sie sich Ihrer Herzensmitarbeiter. Machen Sie sie zu Kulturgestaltern für Ihre Feelgood- und Wertschätzungskultur!

Warum?

Es ist ganz einfach: Glückliche Menschen leisten bessere Arbeit.

Wozu?

Menschen, die ihre Arbeit gern tun und morgens mit einem Lächeln ins Büro kommen, sind das Beste, was einem Unternehmen passieren kann.

Mein Versprechen: Herzensmitarbeiter wirken ansteckend!

Warum, das erfahren Sie in diesem Buch.

Was das Buch leistet

Nur wenige können sicher benennen, was Feelgood Management ist, was ein Feelgood Manager eigentlich tut und was er/sie nicht machen sollte. Ebenfalls erschließt sich nicht auf den ersten Blick, warum Feelgood Management gebraucht wird. Dieses Buch will diese Lücke schließen.

Was ist Feelgood Management?

Viele denken, wenn sie Feelgood Management hören, an Mitarbeiterbespaßung, Bällebad à la Google, Massage, Kicker und vielleicht an jemanden, der darauf achtet, dass die Weintrauben auch ja immer schön frisch sind.

Ein Schönwetterthema für hippe Digital-Unternehmen auf Erfolgskurs? Rollt indes die nächste Sparrunde, ist es gleich vorbei mit Feelgood? Weit gefehlt – Feelgood Management ist viel mehr. Was genau, das lesen Sie auf den folgenden Seiten.

Mein Ziel ist es, diese Vorurteile abzubauen und einen realistischen Eindruck in dieses wichtige Thema zu bieten. Deshalb räumt dieses Buch mit Klischees auf, gibt Antworten, liefert Argumentationsketten, zahlreiche erfolgreiche Beispiele aus der Praxis und einen Ausblick in die Zukunft des Feelgood Managements.

Wollen wir nicht alle Herzensmitarbeiter sein?
Unsere Arbeitszeit als erfüllte Lebenszeit erleben?
Teil eines großartigen Teams sein?
Etwas Sinnhaftes leisten, wertgeschätzt werden und dabei am Markt gewinnen?

Ist das die Sehnsucht von Träumenden oder ist das schon Wirklichkeit? Nach der Lektüre dieses Buchs hat nicht nur jeder für sich selbst eine Antwort, sondern auch eine überzeugende Argumentation parat.

Monika Kraus-Wildegger

WAS WIR VON DEN SKANDINAVIERN LERNEN KÖNNEN

„Und? Wie war der Mathetest?", frage ich meine Tochter, 6. Klasse, vorsichtig. Seit Sommer 2018 wohne ich mit ihr in Stockholm. „Keine Ahnung", so die lässige Antwort aus dem Nebenzimmer. „Sind nicht alle fertig geworden. Wir schreiben morgen weiter."

Eigenmotivation, Leidenschaft und Neugierde behält man am besten ohne Druck. Und der Samen dazu wird früh in die jungen Wikingerherzen gepflanzt. Das Resultat hatte ich bereits während meiner Forschungsreise durch 30 skandinavische Unternehmen sehen können. Skandinavier sind wirtschaftlich sehr erfolgreich. Sie sind Vorbilder im Schulsystem, in der Nachhaltigkeit und der Digitalisierung und hoch innovativ. Darüber hinaus gehören sie seit Jahrzehnten zu den glücklichsten Ländern der Welt. Und das trotz winterlicher Dunkelheit und Kälte. Verflixt! Wie machen die das nur?

Ganz einfach. Es sind bereits Feelgood-Länder. Sie zeigen uns die großartige Zukunft, die wir auch kreieren können: Eine holistische und humane Arbeitswelt, die auf Eigenantrieb setzt, anstelle von Druck. Skandinavier setzen sich bereits seit Jahrzehnten bewusst an vielen Fronten für diese Kultur ein. Uns hingegen bleiben nicht mehr, als ein paar Jahre, denn die heutigen Entwicklungen sind nicht mehr linear, sie sind rasant und exponentiell. Wir müssen uns sputen! Dabei können uns Feelgood Manager als Katalysatoren helfen, den notwendigen Veränderungsprozess von der traditionell Arbeitskultur hin zu einer tief menschlichen Kultur zu begleiten.

Menschlichkeit bedeutet im Norden zum Beispiel, dass es Noten erst ab der sechsten oder achten Klasse gibt, Entwicklungsgespräche hingegen bereits in der ersten. Denn es geht nicht darum, dass alle Menschen zur selben Zeit genau das Gleiche beherrschen, sondern darum, die Einzigartigkeit eines jeden erblühen zu lassen. Nur dann kann etwas Neues, Unerwartetes entstehen. „Sei du!" ist der Kernwert des Nordens. Was erhalten wir dadurch? Selbstbewusste Menschen, die nicht einfach irgendetwas tun, sondern hinterfragen, sich einbringen und mitdenken. Nur einzigartige Menschen können einzigartige Beiträge liefern. Im Übrigen inklusive ihrer Schwächen, Ecken und Kanten, die man nicht ängstlich verstecken muss. Wikinger müssen nicht lernen, „out of the Box" zu denken. Sie waren nie in dieser Box. Sie „schreiben morgen einfach weiter". Denn Schulen wie Unternehmen formen sich um die Menschen herum. Und das ist schlau, denn dadurch nutzen sie deren Energie und die Kraft der Leidenschaft aller. Warum nicht um 15 Uhr die Kinder abholen? Warum nicht mittags im hauseigenen Fitnessstudio schwitzen oder ein Nickerchen halten? Menschen sind effizient, wenn sie die Energie aus den verschiedenen Lebensbereichen nutzen.

Und wer kontrolliert dann die Rasselbande? Diese Frage sollten Sie im Norden niemals stellen. Es sind „high-trust"-Länder! Man versteht sie nicht! Denn Menschen werden im Norden nicht kontrolliert. Das ist die Essenz. Man hat Vertrauen. Die gesamte Gesellschaftsstruktur baut auf dem Gedanken auf, dass der Mensch gut ist und nur sein Bestes geben möchte.

Wikinger haben nicht nur Vertrauen in andere Menschen, sondern auch in die Zukunft. Statt Neuem mit Skepsis zu begegnen, lautet das Motto: „Erst machen, dann entschuldigen." Während wir noch am Rand herumtippeln, krachen sie mit einer Arschbombe neben uns durchs Eis. Vertrauen und Furchtlosigkeit sind die besten Voraussetzungen für Zukunftsliebe.

Und für eine fruchtbare Zusammenarbeit. Denn selbstbewusste Persönlichkeiten müssen sich nicht beschützen, Wissen horten und die Gemeinschaft mit ihren Egos torpedieren. „Wenn eine Person in etwas nicht so gut ist, wie ich, dann lasse ich sie das nicht spüren. Ich helfe ihr lieber so gut zu werden, wie ich", so ein Teamleiter bei einem Lastwagenhersteller in Schweden. Im Norden stellt man einander Räuberleitern statt nach unten zu treten. Die Aufgabe der Manager ist es dabei, die Teams so zusammenzustellen, dass jeder den anderen in seiner Einzigartigkeit vervollständigt. Viele Menschen zusammen können etwas Großartiges erschaffen, solange sie so unterschiedlich wie möglich und so unangepasst wie nötig sein dürfen. Das Gefühl der Zugehörigkeit, das dann entsteht, ist der größte Glückstreiber überhaupt.

Deshalb „Skål!" Auf die Arschbomben und Räuberleitern der Zukunft!

Maike van den Boom

Maike van den Boom ist Glücksforscherin, Rednerin, New Work-Expertin und Bestsellerautorin des Buches *Acht Stunden mehr Glück*. Sie lebt in Stockholm.

1

GRUNDLEGENDES VORWEG:

WAS IST FEELGOOD?

DEFINITION:
WAS IST EINE FEELGOOD-KULTUR?

Es gibt nicht nur die eine Kultur im Unternehmen, sondern immer viele Teilmengen von Wertekulturen, selbst wenn es eine Leitkultur als Firmenkultur gibt.

Feelgood-Kultur ist die menschliche Kultur-Landkarte eines Unternehmens.

DEFINITION:
WAS IST FEELGOOD MANAGEMENT?

Feelgood Management ist ein Kultur- und Querschnittsthema der modernen Arbeitswelt, das Unternehmen befähigt, ihre Menschlichkeit zu kultivieren.

DEFINITION:
WAS IST EIN FEELGOOD MANAGER?

Feelgood Manager sind Kulturgestalter für wertschätzende menschliche Arbeitswelten.

2

ARBEIT

EIN HALBES LEBEN

ARBEITEST DU NOCH ODER LEBST DU SCHON EIN GUTES LEBEN?

Der Mensch verbringt einen Großteil seiner wachen Lebenszeit im Job – durchschnittlich ergibt das die astronomische Zahl von 70.000 Lebensstunden.[1] Gleichzeitig sind immer weniger Menschen dazu bereit, ihr Leben auf den Feierabend zu verschieben. Arbeit ist Teil des Lebens. Doch einen guten Job machen zu können und dafür Wertschätzung zu erhalten, ist Teil eines guten Lebens. Manche Experten postulieren das anbrechende Zeitalter von radikal neuen Formen des menschlichen Arbeitens. Im Mittelpunkt stünde der Mensch Mitarbeiter[2] mit seinen psychosozialen Fähigkeiten von Empathie, Fingerspitzengefühl und Kreativität.

Kommt Ihnen das auch ein bisschen wie bei Loriot vor? Die Frage „Wo laufen Sie denn?" steht sinnbildlich für die Frage: Wo wird denn bereits radikal neu gearbeitet? Gibt es den Beruf des Feelgood Managers schon und wenn ja, warum und wozu setzen Unternehmen den Manager für das gute Gefühl ein?

Wie alles begann

Während meiner beruflichen Zeit als Nachhaltigkeitsexpertin in Asien hat meine Vision von einer besseren Arbeitswelt und mehr Menschlichkeit langsam Gestalt angenommen. Im Land der aufgehenden Sonne, wo die längste Werkbank der Welt steht, in Gestalt von Tausenden von Herstellungsbetrieben, in denen Abertausende Arbeiter und Arbeiterinnen unsere Konsumgüter herstellen, ist das „Arbeithaben" kein Selbstverständnis und sind internationale Sozialstandards immer noch ein Luxus. Wenn das Recht auf einen sicheren Arbeitsplatz ohne Verletzungsgefahr, Recht auf Toilettengang, Recht auf Pausen oder Recht auf bezahlte Überstunden nicht selbstverständlich sind, ist der Wunsch nach mehr Menschlichkeit selbstredend.

---

[1] www.stern.de/panorama/gesellschaft/24-jahre-schlafen-dafuer-geht-unsere-lebenszeit-drauf-3136732.html
[2] Sprenger, R. K.: Radikal digital. Deutsche Verlags-Anstalt 2018.

Gehen wir zurück ins Jahr 2012, in das Jahr, in dem ich meine Firma GOODplace gegründet habe, um Unternehmen dabei zu unterstützen, mithilfe von Feelgood Management mehr Menschlichkeit und damit Zukunftserfolg im Unternehmen zu kultivieren. In dieser Zeit hatte ich häufig das Gefühl, im falschen Film zu sein. Worauf hatte ich mich da nur eingelassen? War dieses Brett vielleicht doch zu dick für mich?

Nein, meine Intuition, mein Fingerspitzengefühl, meine kristalline Intelligenz, das Lern- und Erfahrungswissen aus vielen Jahren Arbeits- und Lebenserfahrung, die ich als Informatikerin und Nachhaltigkeitsmanagerin im Dienste internationaler Organisationen und Konzerne erworben habe, bestärkten mich in meiner Überzeugung: Menschlichkeit wird auch in der Wissensarbeit gebraucht, das heißt dort, wo mithilfe unserer mentalen und kognitiven Fähigkeiten Wertschöpfung entsteht. Meine Überzeugung ist, dass Menschen nur einen guten Job machen können, wenn sie sich wohl fühlen und ihre Tätigkeit sinnstiftend empfinden.

In der Gründungszeit von GOODplace traf ich auf viele verschiedene Menschen und Meinungen. Sobald das Gespräch auf Feelgood Management kam, nahm die weitere Diskussion gerne mal Loriot-hafte Züge an:

- „Das hätte ich auch gerne. Nackenmassage und Bällebad à la Google."
- „Brauchen wir nicht. Kicker und Obstschale haben wir schon."
- „Ihre Probleme hätte ich gerne. Bei uns hilft nichts mehr, unser soziales Klima ist kalt wie eine nasse Hundeschnauze."
- „Das ist bei uns Aufgabe der Führungskräfte."
- „Zwangs-Happiness – das geht nun wirklich zu weit!"

Preußische Tugenden vs. das gute (Arbeits-)Leben

Die Vorstellung, Spaß und Freude bei der Arbeit zu haben und morgens tatsächlich gerne zur Arbeit zu gehen, polarisiert offenbar deutsche Büroarbeiter wie kein zweites Thema. Die einen entrüsten sich, denn schließlich habe Arbeit nicht Spaß zu machen. Nur wenn Arbeit frei von Spaß sei, sei alles in Ordnung. Hier schimmern noch stark die preußischen Tugenden von Pflicht und Fleiß durch.

Dagegen findet sich eine diamental konträre Haltung zur Arbeit unter den Vertretern der Millennials, das heißt Menschen, die zwischen 1980 und den frühen 2000er-Jahren geboren wurden. Dazu einige Beispiele aus meinem Kundenkreis:

Julia (31), Projektmanagerin: „Meine Arbeitszeit ist meine Lebenszeit. Ich bin nicht bereit, diese Zeit in einen Job zu investieren, der mich anödet und worin ich keinen

Sinn sehe. Ich möchte einen Job, der Spaß und Sinn macht, wo ich mich wohl fühle mit dem, was ich tue."

Marco (35), Software Engineer: „In einem Unternehmen mit einem miesen Arbeitsklima würde ich keine vier Wochen arbeiten. Wenn Führungskräfte das nicht hinkriegen, hapert es auch an anderen Stellen. Da bin ich ganz schnell weg.«

Maren (37), Teamleiterin: „Ich verbringe 50 Prozent meiner Wachzeit mit meinen Kollegen und Team. Logischerweise will ich mit ihnen gut klarkommen und auch etwas mehr als Formalitäten mit ihnen austauschen."

Aber auch bei anderen Generationen verschiebt sich die Haltung zur Arbeit deutlich:

Tanja (48), Marketing Managerin: „Ich habe in der Vergangenheit immer mehr als 100 Prozent im Job gegeben und wenig Wertschätzung und Lob erhalten. Jetzt mache ich Dienst nach Vorschrift und bau mir nebenher etwas auf, woran mein Herz hängt."

Roland (43), Data Specialist: „Was mich betrifft – ich mag nur noch in Wertegemeinschaften arbeiten und versuche Schicksalsgemeinschaften zu meiden. Das rockt richtig!"

Die Haltung von einst – leben, um zu arbeiten –, ist für viele Menschen nicht mehr zeitgemäß. Vor allem jüngere Generationen streben heute nach einem guten Leben. Arbeit nimmt zwar einen wichtigen Teil in der eigenen „Lebens-Journey" ein. Die neue Haltung sagt jedoch auch: „Meine Arbeitszeit ist ein Großteil meiner Lebenszeit." Damit verändert sich der Blick auf die Arbeit fundamental.

Arbeit und Leben sind unsere zwei Lungenflügel.
ANSELM BILGRI, EHEMALIGER BENEDIKTINER PATER
UND PRIOR VON KLOSTER ANDECHS

Beziehungen machen glücklich, auch im Job

Überraschende Erkenntnisse liefert eine seit 1938 bis heute andauernde Harvard-Studie,[3] die das menschliche Glück untersucht. „Das Einzige was im Leben zählt,

---

[3] www.ted.com/talks/robert_waldinger_what_makes_a_good_life_lessons_from_the_longest_study_on_happiness#t-747680

sind die Beziehungen zu Menschen", sie machen uns glücklich, so die abschließende Erkenntnis von Harvard-Professor Robert J. Waldinger.

Wenn Privatmenschen also genau dann glücklich sind, wenn sie enge soziale Verbindungen eingehen und zwischenmenschliche Beziehungen pflegen, warum sollte es dann bei Mitarbeitern anders sein?

Menschliche Grundbedürfnisse sind keine Privatangelegenheit

Mit der veränderten Haltung zu „meine Arbeitszeit ist meine Lebenszeit" sind die menschlichen Grundbedürfnisse[4] Freude, Wohlfühlen, Gemeinschaft und Sinn nicht länger eine Privatangelegenheit, die jeder für sich selbst regelt und völlig entkoppelt von Arbeit stattfindet. Ganz im Gegenteil: Das umfassende Streben nach einem guten Leben katapultiert menschliches Feelgood mit Wucht in die Arbeitswelt hinein.

DIE ARBEITSWELT VON MORGEN HAT SCHON BEGONNEN

Unsere Arbeitswelt steht an der Schwelle zu einem revolutionär neuen Zeitalter. Noch sind wir ganz am Anfang einer datengetriebenen Welt. Ausgelöst durch die Digitalisierung lösen sich bislang geltende Paradigmen auf und stellen die gesamte Wirtschaftswelt auf den Kopf.

Neue Geschäftsmodelle schießen wie Pilze aus dem Boden. Traditionelle Geschäftsfelder und sicher geglaubte Erlöse können schneller wegbrechen, als man schauen kann. Denken Sie nur an den smarten, kostenlosen Nachrichtendienst WhatsApp, der mit seinem Geschäftsmodell die bis dahin bekannte Handy-Kurznachricht beinahe vollständig überflüssig machte.

Gleichzeitig bietet diese Entwicklung enorme Chancen für Firmen, um neue Märkte, neue Produkte und neue Kunden zu erschließen. Neues Denken und Handeln sind gefragt. Denn smarte Lösungen erfordern die Intelligenz von vielen. Essenziell wichtig ist dabei die nahezu unbegrenzte Veränderungsbereitschaft der Betriebe und ihrer Mitarbeiter.

---

[4] Max-Neef, M. A.: Human Scale Development, Dag Hammarskjöld foundation. Development Dialogue 1989.

Das größte Taxiunternehmen der Welt hat kein einziges Taxi.
Der größte Einzelhändler der Welt hat kein einziges Geschäft.
Die größte Hotelplattform der Welt besitzt kein einziges eigenes Zimmer.
Zugleich werden Millionen von Menschen durch einzelne
eigene Zimmer zum Hotelier.

AART DE GEUS, VORSTANDSVORSITZENDER BERTELSMANN STIFTUNG

Damit verändern sich auch Organisationsstrukturen von Unternehmen nachhaltig. Neue Formen der Zusammenarbeit stellen den ganzheitlichen und selbstgesteuerten Menschen mit seinen psychosozialen Fähigkeiten und seinem Fachwissen in den Mittelpunkt – Stichwort: agiles Arbeiten – und lassen neuartige Gestalter-Rollen, wie Feelgood Manager entstehen.

Die neue Arbeitswelt und der Faktor Mensch

Haben bislang technische Lösungen die volle Aufmerksamkeit von Managern erhalten, schwenkt das Spotlight der Dringlichkeit nun um auf den Mensch Mitarbeiter. Die Digitalisierung spielt als Technik nur vordergründig eine Rolle. Die wahre Wirkung liegt im Sozialen – in der menschlichen Kultur.
Je weiter die Digitalisierung voranschreitet, desto wertvoller und gefragter werden die menschlichen Fähigkeiten Kreativität, kritisches Denken, vernetzte Kommunikation, selbstständiges Arbeiten, emotionale Intelligenz und Empathie.
Je dynamischer sich das wirtschaftliche und technologische Umfeld ändert, desto rascher und effektiver müssen Anpassungs- und Lernprozesse in Unternehmen erfolgen. Doch das gelingt nur im sozialen Miteinander auf der Basis einer starken Mannschaft.

Arbeitswelt lebenswerter und freudvoller gestalten

Dafür braucht es passende Rahmenbedingungen und eine positive nachhaltige Kulturentwicklung in Unternehmen. Bislang hat für Unternehmen die Gestaltung ihrer menschlichen Kultur, bis auf wenige Ausnahmen, keine hohe Priorität in der Geschäftsführung. Warum das riskant ist, lesen Sie im folgenden Kapitel. Doch vorher kommen Vordenker aus den Chefetagen zu Wort, die zeigen, dass es auch anders geht.

VORDENKER EINER MENSCHLICHEN ARBEITSWELT

Die klassische Arbeitskultur ist geprägt von starren Arbeitszeiten und dem Gefühl der Mitarbeiter, nur eine Personalnummer zu sein. Das verstärkt bei den Menschen das Gefühl der Entfremdung und dem Fremdgesteuertsein. New Work – eine Philosophie des neuen Arbeitens – hingegen stellt die Frage nach einem Sinn, einer menschlichen Kultur und einem Rahmen, wie wir Arbeit heute in einer Wissensgesellschaft (selbst) organisieren.

Der über 80-jährige Frithjof Bergmann, der Vordenker der „New Work"-Bewegung, plädiert als Gegenentwurf zur heutigen Lohnarbeit, das „zu tun, was man wirklich will"[5] , also arbeiten, wofür das eigene Herz schlägt:

New Work ist die Arbeit, die ein Mensch „wirklich, wirklich will"!

Götz G. Werner, Gründer der Drogeriemarktkette dm, erfolgreicher Unternehmer und Vertreter der Generation 60 Plus, ist einer der Vordenker einer neuen Arbeits- und Sozialwelt in Deutschland. Für ihn bringt der Mitarbeiter idealerweise nicht seine Arbeitszeit in ein Unternehmen ein, sondern seine Lebenszeit:[6]

Die Zeiten der Gefolgschaft sollten wirklich vorbei sein.

Daraus ergibt sich ein ganz anderes Verantwortungsverhältnis für Mitarbeiter und Arbeitgeber. Der Mitarbeiter geht nicht mehr „nur zur Arbeit", wie es so schön heißt, sondern bringt sich als Mensch im Unternehmen ein. Und dann fragt er sich: „Gehe ich mit meiner Lebenszeit sinnvoll um?"[7] Deshalb ist es entscheidend und liegt es in der Verantwortung der Führungskräfte, allen Kolleginnen und Kollegen den Sinn ihres Schaffens zu vermitteln bzw. althergebrachte Regeln auf den Prüfstand zu stellen und gegebenenfalls abzuschaffen.

---

[5] Wikipedia-Eintrag zu New Work: https://de.wikipedia.org/wiki/New_Work
[6] XING-Interview mit Götz G. Werner vom 04.12.2017.
[7] ebd.

© Ines Schaffranek

Bodo Janssen, Manager der Hotelgruppe upstalsboom, hat mit seinem Bekenntnis „Ich war ein Flop-Manager"[8] ein Tabu unter Führungskräften gebrochen und gezeigt, welche positive Veränderungen möglich sind, wenn man sich zu sich selbst und seinen Werten aufmacht. Als Vordenker einer achtsamen Führung hat er in seinem Bestseller Die stille Revolution seinen Aufbruch zur Wertschätzung und mehr Menschlichkeit schonungslos verarbeitet und dargestellt, dass Führung auch anders geht.

> Bei uns geht es nicht um richtig oder falsch, um gut oder schlecht, sondern darum, einander zu respektieren, Erfahrungen zu sammeln, gemeinsam zu wachsen und sinnvolle Ziele zu erreichen.
>
> BODO JANSSEN

Bodo Janssens Weg von der Selbsterkenntnis zur Veränderung des eigenen Führungsverständnisses beeindruckt. Es ermöglichte, unternehmensweit das Vertrauen und die Lebensfreude seiner Mitarbeiter zu steigern. Die Zufriedenheit der fast 700 Mitarbeiter stieg auf 80 Prozent, die Krankheitsrate sank von 8 auf 3 Prozent.

---

[8] www.spiegel.de/karriere/bodo-janssen-ich-war-ein-flop-manager-a-1088055.html

Aufbruch zur Wertschätzung

Nach der Vision von Bodo Janssen entstand der Film *Die Stille Revolution*[9] zum Kulturwandel in der Arbeitswelt. Der Film ist ein lauter Weckruf für den Kultur- und Wertewandel in Unternehmen. Die Erkenntnis, dass es heute nicht mehr nur ausreicht, Know-how zu haben, sondern es uns an „Know-why" fehlt, erzeugt Gänsehaut. Der eindringliche Appell an Manager „Stell dein Unternehmen mal in Klammern und unternimm doch endlich etwas mit deinem Leben" rüttelt auf. Der Film ist hochgradig inspirierend, stößt Diskussionen an, die ohne die schonungslose Offenheit der Menschen im Film so nicht geführt werden würden. – Ein Pflichttermin für all diejenigen, die in eine offene Diskussion mit Chefs, Kollegen oder Teammitgliedern zu Kultur- und Wertefragen gehen wollen.

FÜNF TREIBER FÜR MEHR MENSCHLICHKEIT

Was sind die Treiber für mehr Menschlichkeit in der Arbeitswelt? Und welche Relevanz haben sie für Unternehmen heute? Ein Blick auf den Wandel unserer Wirtschaftswelt schafft erste Klarheit.

TREIBER 1
Die Vierte Industrielle Revolution

In den vergangenen 100 Jahren gab es in der Arbeitswelt nicht ansatzweise einen Wandel in einem vergleichbaren Ausmaß und in der Geschwindigkeit von heute. Diese Vierte Industrielle Revolution, die sich in der Digitalisierung und Künstlichen Intelligenz, also dem Mensch-und-Maschine-Verhältnis, manifestiert, bestimmt global, wie wir in Zukunft arbeiten werden.

Es geht jedoch nicht allein um Technologien und Geschäftsmodelle, sondern um unsere Gesellschaft. Die Beratungsgesellschaft McKinsey hat in einer Studie[10] analysiert, wie sich die Arbeitswelt verändern könnte. Demnach werden bis 2030 bis zu 375 Millionen Menschen weltweit ihren Beruf wechseln oder vollkommen neue Fertigkeiten erlernen müssen. Das entspräche 14 Prozent aller Arbeitskräfte.

---

[9] www.die-stille-revolution.de
[10] McKinsey Global Institute: Jobs lost, jobs gained: Workforce transitions in a time of automation, 2017.

Die Arbeitswelt wird eine andere sein, mit völlig neuen Berufsbildern und neuen Arten der Zusammenarbeit mit Folgen für ganze Wirtschaftszweige. Menschen und Unternehmen müssen sich gleichermaßen erneuern, ihren Platz neu finden, um darin bestehen zu können. Wer die Trends und Treiber sowie die damit verbundenen kulturellen Veränderungen frühzeitig erkennt, kann für sich persönlich und sein Unternehmen Klarheit und Orientierung gewinnen, und die richtigen Weichen für die Zukunft stellen.

Digitalisierung ist keine technische Revolution, sondern eine soziale.

REINHARD K. SPRENGER, AUTOR „RADIKAL DIGITAL.
WEIL DER MENSCH DEN UNTERSCHIED MACHT"

TREIBER 2
Technologischer Wandel: Digitalisierung

Nichts prägt unser Informationszeitalter – eingeleitet durch die digitalen Technologien – derart wie der technologische Wandel. Für Unternehmen stellt die digitale Transformation eine der größten Herausforderungen dar. Die Erkenntnis überrascht jedoch nicht in technologischer, sondern in kultureller Hinsicht: Digitalisierung ist eine kulturelle Veränderung, die durch technologische Entwicklungen losgetreten wurde. Unternehmen müssen also nicht nur neue Technologien im Blick haben und adaptieren, sondern aktiv den kulturellen Wandel gestalten. Darauf sind viele Firmen schlecht bis gar nicht vorbereitet.

---> **DER KULTURWANDEL BESTIMMT ÜBER DIE WIRTSCHAFTLICHKEIT
VON UNTERNEHMEN.**

Eine von McKinsey durchgeführte Umfrage[11] offenbart, dass Kultur und Verhaltensveränderungen die größten Hemmnisse für die digitale Effektivität darstellen, sogar noch vor dem Mangel an Fachkräften.

**Je mehr das Maß an Digitalisierung steigt, desto mehr muss das Maß
an Menschlichkeit steigen – nur dann gelingt die Transformation.**

SEBASTIAN PURPS-PARDIGOL, AUTOR VON „DIGITALISIERUNG MIT HIRN"

---

[11] McKinsey Digital Survey, 2016.

Fakt ist, dass sich viele Geschäftsführer ungern mit Kultur beschäftigen: zu schwammig, zu wenig handhabbar und schwierig messbar – für sie eher ein Thema von nachrangiger Priorität.

⸬⤑ **MENSCHLICHE KULTUR IST DER WICHTIGSTE FAKTOR FÜR ERFOLGREICHE DIGITALISIERUNG.**

Die technologische Seite der Digitalisierung ist und bleibt das Top-Thema für Entscheider. Wie fatal diese Haltung ist, belegen neue Erkenntnisse,[12] die aufzeigen, dass Defizite in der Kulturentwicklung eine direkte negative Auswirkung auf die Wirtschaftlichkeit von Unternehmen haben.

> Wir können die Digitalisierung nur meistern, wenn wir uns mit dem Kulturwandel beschäftigen – das ist der herausfordernste Teil.
>
> ALEXANDER BIRKEN, CEO OTTO GROUP

Wer den Kulturwandel jetzt nicht zum Top-Thema im Unternehmen macht, riskiert seine wirtschaftliche Performance und – was noch viel entscheidender ist – seine Zukunftsfähigkeit. Erste Top-Entscheider der deutschen Wirtschaft, zu denen etwa Alexander Birken, CEO der Otto Group zählt, haben das Thema Kulturwandel bereits auf ihrer Agenda.

Auf dem Weg zum Kulturwandel und der Verankerung eines digitalen Mindsets ist es für Betriebe essenziell, die eigenen Mitarbeiter kulturell mitzunehmen.

> Der menschliche Faktor ist der wichtigste in der ganzen Debatte um die digitale Transformation.
>
> SABINE BENDIEK, CEO MICROSOFT

Die Microsoft-Chefin Sabine Bendiek macht klar: „Wer die Digitalisierung erfolgreich gestalten will, muss alle Menschen mitnehmen."[13] Versäumen Firmen diesen Schritt, werden sie ihre Mitarbeiter verlieren – ganz egal, welche tollen technischen Tools man eingeführt hat. Dabei drückt sich der Verlust nicht zwangsläufig oder vordergründig in erhöhter Fluktuation aus, sondern vielmehr verdeckt in der „Dienst nach Vorschrift"-Haltung[14] innerhalb der Belegschaft. Kein Unternehmen in der

---

[12] McKinsey Digital Survey, 2016.

[13] www.welt.de/newsticker/dpa_nt/infoline_nt/netzwelt/article175330600/Microsoft-Erfolg-digitaler-Transformation-ist-Kulturfrage.html

[14] Gallup Engagement Index, 2018.

heutigen Zeit kann es sich leisten, den Zugang zu den Leistungspotenzialen seiner Mannschaft zu verbauen bzw. einfach brachliegen zu lassen.

⇢ AUF DEM WEG ZU DIGITALEN DENKWEISEN MÜSSEN MITARBEITER KULTURELL MITGENOMMEN WERDEN.

Trotz eindeutiger Studien wird jedoch in deutschen Unternehmen die digitale Transformation immer noch technisch vorangetrieben. Die kulturelle Dimension wird ausgeblendet oder versucht, mit Impulsen aus teuren Design Thinking-Workshops oder Start up-Tourismus ins Silikon Valley zu kompensieren. Das ist hochgradig fahrlässig!

Stärker denn je werden die menschlichen Fähigkeiten in Form von Fingerspitzengefühl, Urteilskraft und Intuition gebraucht. Das radikal Neue an dieser Entwicklung ist die Wiedereinführung des Menschen in die Unternehmen, so die Überzeugung von Reinhard Sprenger, führender Managementberater. Seine Einschätzung ist eindeutig: „Menschen mit ihren spezifischen Fähigkeiten sind ein ganz wesentlicher Teil des Erfolgs.“[15]

Demgegenüber hat die Microsoft Studie[16] überraschendes herausgefunden: Eine Mehrheit der deutschen Beschäftigten steht der digitalen Transformation grundsätzlich positiv gegenüber und sieht große Chancen, sowohl für ihre Organisation als auch für die eigene berufliche Entwicklung.

Das Potenzial der positiven Haltung wird jedoch von Unternehmen nicht ausgeschöpft: Hier ist noch viel Luft nach oben für die aktive Mitgestaltung und Partizipation der Belegschaft beim kulturellen Umbau. Deshalb sollten Unternehmen das Momentum der positiven Grundstimmung der Beschäftigten gegenüber Digitalisierung nutzen sowie Freiräume und Experimentierbereiche schaffen, um digitale Denkweisen und neue Arbeitsweisen ausprobieren zu können. Firmen, die bereits über passende Rahmenbedingungen des geschützten Experimentierens verfügen, wie Labs, Kreativlabore oder sogenannte Working out loud-Lernzirkel (WOL-Lernzirkel), sind deutlich im Vorteil.

Change-Prozesse sind vor allem dann erfolgreich, wenn Engagement, Kreativität und Leistungsfähigkeit der Mitarbeitenden nachhaltig aktiviert werden konnten. Denn „die Menschen entscheiden, was in Zukunft auch tatsächlich funktioniert“[17], so die Erfahrungen von Microsoft-Chefin Bendiek.

---

[15] Sprenger, R. K.: Radikal digital.
[16] vgl. https://news.microsoft.com/de-de/unternehmen-kultur-transformation/
[17] ebd.

> Wir müssen uns von den Mythen und Legenden der industriellen Arbeitswelt
> verabschieden und endlich den Menschen neu entdecken. Nur so können wir
> erfolgreich die Herausforderungen der Digitalisierung und des Fachkräftemangels
> meistern. Und dem Menschen die Rolle geben, die nur ihm in einer sich
> immer schneller ändernden Arbeitswelt gehört: Die Hauptrolle!
>
> HENRIK ZABOROWSKI, REDNER UND RECRUITINGEXPTERTE

Am Ende des Tages zählt der Mensch als ein soziales Wesen. Er möchte sich einbringen, seine Umgebung mitgestalten, formen und sich emotional zugehörig fühlen. Um als Unternehmen zukunftsfähig bleiben zu können, sollten man diese zutiefst menschlichen Eigenschaften hegen, kultivieren und nutzen.

···> KULTURGESTALTUNG FÜR MENSCHEN MIT MENSCHEN BRAUCHT AUGENHÖHE.

Der Feelgood Management-Ansatz bietet einen passenden Ansatz, die menschlichen Eigenschaften der Mitarbeiter wertschätzend und auf Augenhöhe zu aktivieren.

> Es gibt einen Mangel an Talenten, nicht an Aufträgen.
>
> FRANK RIEMENSPERGER, VORSITZENDER DER GESCHÄFTSFÜHRUNG ACCENTURE

TREIBER 3
Demografie

Ausgelöst durch die demografische Entwicklung gibt es künftig weniger Fachkräfte. Beinahe jedes Unternehmen steht im Vergleich zu den vergangenen Jahren vor der Schwierigkeit, offene Stellen zeitnah besetzen zu können.

Werfen wir einen Blick in die Zukunft und schauen uns die demografische Entwicklung bis 2030 an. Zu diesem Zeitpunkt werden die geburtenstarken Jahrgänge 1950 bis 1960 den Arbeitsmarkt verlassen. Ausgehend davon hat das älteste Wirtschaftsforschungsinstitut Europas, die Prognos AG[18], für das Jahr 2030 eine Lücke von etwa 3 Millionen und für 2040 sogar von rund 3,3 Millionen fehlenden Fachkräften errechnet. Hilfe kommt durch die Digitalisierung, die den zu erwartenden Fachkräftemangel durch technische Effizienz lindern wird. So werden zumindest automatisierbare Tätigkeiten elektronisch kompensiert werden können.

---

[18] Prognos AG 2017 – www.prognos.com/pressekontakt/news/detailansicht/1410/c6a2bbb5a48f8bf23b48ee4a0052fcc8/

Nicht überraschend ist, dass der Bedarf an qualifiziertem Digital-Personal vor allem aus dem Bereich der MINT-Berufe (Mathematik, Informatik, Naturwissenschaften, Technik) zunimmt. Jedoch ist es erschreckend, dass bereits 2018 eine knappe halbe Million MINT-Stellen[19] nicht besetzt werden konnte. Schon bei jedem zweiten Mittelständler führt der Mangel an Fachkräften lautet Prognos[20] zu nennenswerten Umsatzeinbußen. Spricht man mit Personalverantwortlichen, die Jobs im IT-Bereich besetzen müssen, ist die Rede von einem „leergefegten" Arbeitsmarkt. Das Umwerben und Rekrutieren der Talente verschlingt zunehmend mehr Zeit und Kosten. Einige Firmen schlagen neue kreative Wege bei der Rekrutierung ein.

BEISPIEL:

Die Lufthansa Systems, IT-Tochter der Airline, holt die eigenen Mitarbeiter bei der Suche nach neuen Talenten ins Boot. Unter dem Motto „Bring a friend" bittet das IT-Unternehmen seine Belegschaft, das eigene Netzwerk zu aktivieren. Für jede erfolgreiche Empfehlung gibt es bis zu 6.000 Euro Prämie.

Nachdem fähige neue Mitarbeiter gewonnen wurden, beginnt für die Organisation die Herausforderung, die Talente an sich zu binden und langfristig im Unternehmen zu halten. Doch was können Unternehmen tun, um ihre fähigsten Mitarbeiter nicht gleich wieder an die Konkurrenz zu verlieren? Und noch viel wichtiger ist die Frage: Was brauchen die Mitarbeiter tatsächlich, um sich wohl zu fühlen und einen exzellenten Job machen zu können?

> **Jedes Teammitglied muss wissen und fühlen, dass er/sie ein wertvoller Bestandteil des Teams ist und dass wir ihn/sie wertschätzen. Ansonsten suchen sich die Leute einfach einen anderen Job. Es ist völlig unnötig, heutzutage durch Eigenverschulden wertvolle Teammitglieder zu verlieren. Das ist auch keine gute Referenz für ein Unternehmen.**
>
> MARTIN PŮLPITEL, FEELGOOD MANAGER

Das schnellste und ertragreichste Mittel gegen Abwanderungsgedanken ist die Verbesserung des persönlichen Wohlfühlfaktors. Dort, wo Kollegen und Kolleginnen

---

[19] Institut der deutschen Wirtschaft Köln, www.iwkoeln.de, MINT-Frühjahrsreport 2018.
[20] Prognos AG 2017 – www.prognos.com/presse-kontakt/news/detailansicht/1410/c6a2bbb5a48f8bf23b48ee4a 0052fcc8/

wertgeschätzt werden, will man bleiben. Das bestätigt der Feelgood-Ansatz eindrucksvoll am Beispiel eines Kölner Bankhauses zum Thema Mitarbeiterbindung.

BEISPIEL:

Als die Bank acht neue Mitarbeiter für die IT-Abteilung gewinnen konnte, sendete sie ein vierköpfiges Team inklusive Feelgood Manager und Führungskräfte zu einer Feelgood Management-Weiterbildung. Das Ziel der Maßnahme war, Impulse für passende Feelgood-Rahmenbedingungen zu erhalten, damit sich die neuen Kollegen professionell wie persönlich mit dem Unternehmen identifizieren können, sich wohlfühlen und gerne bleiben.

TREIBER 4
Wissen

Im Informationszeitalter und in der Wissensgesellschaft nimmt Wissen einen zentralen Stellenwert ein. Zum einen bieten die enormen technologischen Möglichkeiten neue Formen der Zusammenarbeit innerhalb von Unternehmen und über Organisationsgrenzen hinweg, zum anderen verlangen Kunden heute eine bessere und immer treffendere Lösung ihrer Probleme und Bedürfnisse.

⋯➔ **WENN DIE IDEEN VON HEUTE DAS GESCHÄFT VON MORGEN SIND,
IST WISSEN DAS NEUE KAPITAL.**

Durch Digitalisierung und Automatisierung ergeben sich laut den Ergebnissen einer McKinsey-Studie[21] für die Arbeitswelt in naher Zukunft zwei große Herausforderungen:

1. Bis zum Jahr 2023 werden bis zu 700.000 Technologiespezialisten benötigt.
2. Mehr als 2,4 Millionen Erwerbstätige werden sich weiterbilden müssen, um ihre Kompetenzen in digitalem Lernen, vernetzter Teamarbeit oder unternehmerischem Agieren auszubauen.

---

[21] Stifterverband und McKinsey: Future Skills: Welche Kompetenzen in Deutschland fehlen, 2018.

Wo Wissen und Kreativität, Talent und besondere Fähigkeiten zu den wichtigsten Ressourcen werden, das heißt überall dort, wo es komplex und nicht simpel ist, ist die lernende Organisation überlebenswichtig. Das selbstständige Aneignen und Teilen von Wissen wird zur Pflicht eines jeden Mitarbeiters und für Unternehmen die „Never stop learning"-Kultur, eine Kultur des beständigen Lernens und Teilen von Wissen.

Kritisch wird es für Firmen, in denen bislang wenig innovatives Denken und relativ wenig Freiräume und Anreize für den selbstgesteuerten Wissensaustausch existieren. Hier besteht akuter Handlungsbedarf.

Der eigentliche Wissensträger ist stets der Mensch mit seinem Erfahrungswissen, das in seiner „kristallinen Intelligenz"[22] zum Ausdruck kommt. Der Management-Vordenker Peter Drucker hat bereits in den 1970er- Jahren treffend formuliert: „Wissen kann man nicht managen – es sitzt zwischen zwei Ohren«. Demnach findet der Wissenstransfer von Mensch zu Mensch statt.

···❯ HIRN, HERZ UND HALTUNG EINES MENSCHEN BESTIMMEN DIE QUALITÄT VON WISSENSTRANSFER

Der Wissensarbeiter von heute ist kein klassischer Know-how-Träger, der sein Fachwissen konserviert, um seinen Expertenstatus zu sichern. Ganz im Gegenteil: Im Austausch mit Gleichgesinnten teilt er sein kristallines Erfahrungswissen selbstverantwortlich und baut sein Know-how weiter aus – vorausgesetzt die Rahmenbedingungen von Wertschätzung und sinnhaften Arbeiten stimmen.

Unternehmen müssen folglich stärker die Fähigkeiten ihrer Mitarbeiter ausbauen, um vorhandenes Potenzial und verfügbare Ressourcen besser zu nutzen und den Menschen an sich intelligenter einzubinden.

> Wissen ist das einzige Gut, das sich vermehrt, wenn man es teilt.
>
> MARIE FREIFRAU EBNER VON ESCHENBACH

Damit sich Wissensaustausch richtig gut für die Menschen anfühlt, benötigen Organisationen passende Experimentieransätze und Freiräume, die im Sinne von „Never stop learning" helfen, eine nachhaltige Lernkultur zu etablieren.

···❯ WENN WISSEN AUFBAUEN UND TEILEN RICHTIG FREUDE MACHT, BRAUCHT MAN SICH UM DIE VERMEHRUNG VON WISSEN NICHT ZU SORGEN.

---

[22] https://karrierebibel.de/kristalline-intelligenz/

Ein gesunder Nährboden für den experimentellen Wissenstransfer benötigt passende Rahmenbedingungen, die mithilfe von Feelgood Management bedarfsgerecht geschaffen werden können.

---> **WENN DIE SCHÄTZE VON UNTERNEHMEN NICHT IN DEN DOKUMENTEN LIEGEN, SONDERN IN DEN KÖPFEN UND HÄNDEN DER MENSCHEN, SICHERT WISSENSAUSTAUSCH DIE ZUKUNFT VON UNTERNEHMEN.**

TREIBER 5
Wertewandel

Ein glückliches Leben gibt es auch vor dem Feierabend.

MAIKE VAN DEN BOOM, GLÜCKSFORSCHERIN UND
AUTORIN VON „ACHT STUNDEN MEHR GLÜCK"

Ein Mensch verbringt durchschnittlich ein Drittel seiner Lebenszeit in der Arbeit. Der zu beobachtende Wertewandel macht Schluss mit der scharfen Trennung von Work und Life, insbesondere bei den sogenannten Millennials. Jedoch nicht nur. Mittlerweile manifestiert sich über alle Generationen hinweg die Haltung: Das Leben findet auch während der Arbeit statt. Arbeitszeit ist Lebenszeit!

Arbeit, das war ein notwendiges Übel, um in der anderen, der freien Zeit, auskömmlich leben zu können.

ZITAT AUS DEM BUCH „THANK GOD IT'S FRIDAY"

Viele dieser Menschen wissen, was ihnen wie viel wert ist. Sie tragen selbst Verantwortung für ihr Leben. Sie wollen in ihrer Arbeitszeit keine faulen Kompromisse eingehen nach dem Prinzip „Das Leben beginnt nach Feierabend". Gelebte Menschlichkeit und sinnhaftes Arbeiten rücken dadurch in den Fokus von Organisationen.

Und die Wahrheit ist, dass die meisten unter uns nach sinnvoller Arbeit streben, nach sinnvollen Beziehungen in der Arbeit, und Gestaltungsmöglichkeiten haben wollen, um wertvolle Arbeit zu leisten. Das liegt in unserer Natur.

FRÉDÉRIC LALOUX, AUTOR DES BESTSELLERS „REINVENTING ORGANIZATIONS"

Unternehmen wie Zappos in USA oder Vaude in Deutschland zählen zu den Vorreitern, indem sie die menschlichen Bedürfnisse ihrer Belegschaft sehr ernst nehmen.

Menschlichkeit als neues Entscheidungskriterium bei der Wahl des zukünftigen Arbeitgebers ist keine Utopie, wie uns folgendes Arbeitgeber-Beispiel zeigt:

BEISPIEL:

Das Outdoor Unternehmen Vaude – nicht nur bekannt als nachhaltigste Marke Deutschlands und mit dem Nachhaltigkeitspreis ausgezeichnet – setzt sich als Unternehmen für die menschlichen Bedürfnisse seiner Mitarbeiter aus folgender Haltung ein: „Wir alle verbringen einen großen Teil unserer Zeit während der Arbeit. Diese Zeit ist Lebenszeit! Als werteorientiertes Unternehmen setzen wir uns für einen partnerschaftlichen Umgang auf Augenhöhe mit unseren Mitarbeitern ein und nehmen Rücksicht auf menschliche Bedürfnisse. Wir sehen das als wichtigen Faktor für Freude und Zufriedenheit, Kreativität und wirtschaftlichen Erfolg. Für unsere Mitarbeiter heißt das: mitdenken, mitentscheiden, mitarbeiten und das Ganze in einer Umgebung, in der man sich wohlfühlen kann." [23]

Firmen wie Vaude, die den ehrlichen Nachweis erbringen, die Gestaltung ihrer Arbeitskultur an menschlichen Bedürfnissen zu orientieren, punkten gerade bei Talenten und Bewerbern, die mehr als nur einen Job suchen. Das sind häufig die Talente, die das Potenzial zum Herzensmitarbeiter in sich tragen.

> Jedes Unternehmen muss ja eine Zukunftsaufgabe lösen. Wenn die Mitarbeiter diese Zukunft im Herzen spüren, dann wird Arbeit wieder lebendig.
>
> MATTHIAS HORX, ZUKUNFTSFORSCHER

ACHTSAMKEIT IST MEHR ALS NUR EIN TREND

Ein Blick auf Megatrends, die unsere Arbeitswelt schon heute prägen und noch lange prägen werden, führt uns zum Thema Achtsamkeit oder neudeutsch „Mindfulness". Der bekannte Zukunftsforscher Matthias Horx[24] hat den Trend zur „neuen Achtsam-

---

[23] vgl. https://nachhaltigkeitsbericht.vaude.com/gri/menschen/mitarbeiterzufriedenheit.php
[24] Horx, M.: Zukunftsinstitut 2016 – vgl. www.zukunftsinstitut.de/artikel/achtsamkeit/

keit« ausgemacht, der sich aus dem wachsenden Drang nach Entschleunigung speist. Viele Menschen haben das Gefühl, keinen Einfluss auf den Wandel zu haben und sehen sich stattdessen als Getriebene ohne Gestaltungsmacht.

Bei der neuen Achtsamkeit geht es darum, die Perspektive des Individuums (Gesundheit, Bewusstseinsentwicklung) und die Perspektive der Organisation (Kultur, Organisationsentwicklung) miteinander ins Gespräch zu bringen, so Horx.

Achtsame Kommunikation

Hinter Achtsamkeit in Unternehmen verbirgt sich mehr als Yoga- und Meditationskurse. Vielmehr geht es um Kommunikation und die Wahrnehmung des ganzheitlichen Menschen als Individuum mit Hirn, Herz und Verstand. Neue wertschätzende Begriffe helfen uns, Achtsamkeit in den betrieblichen Alltag zu tragen.

Mindfulness im betrieblichen Alltag drückt sich in einer achtsamen Kommunikation und Wortwahl aus. Aus den Zeiten der Vollbeschäftigung stammt der Begriff „Human Resources" (HR), der die Mitarbeiter eines Unternehmens bezeichnet. Selbst Personalverantwortliche betrachten die Bezeichnung Human Resources heute als problematisch und nicht mehr zeitgemäß. Diese Wahrnehmung hat sich im Klima der neuen Achtsamkeit gegenüber dem Menschen und dem Mitarbeiter im Besonderen geschärft. Einen nicht unerheblichen Einfluss auf die Wahrnehmung im Management hat das Buch *Reinventing Organizations* des ehemaligen McKinsey-Beraters Frédéric Laloux[25], der – wie manche Stimmen sagen –, eines der besten Wirtschaftsbücher seit langem geschrieben hat. Für Laloux sind die Menschen Wunder und keine Ressourcen. In ihrer Rolle als Mitarbeiter tauschen Menschen ihre Leistung und Wissen gegen Geld und zwar nicht nur gegen Geld, sondern auch gegen Wertschätzung.

Achtsame Organisation

Mitarbeiter wollen nicht als menschliche Ressource im betrieblichen Kontext wahrgenommen werden. Wenn Betriebe ihre Mitarbeiter als Ressource bezeichnen, impliziert das unterschwellig einen Mangel an Wertschätzung ihrer Belegschaft gegenüber, die sich tagtäglich für den Erfolg des Unternehmens einsetzt.

Fragen wir uns doch selbst einmal, wie wir uns fühlen, wenn wir als „Human Resource" wahrgenommen werden?

---

[25] Laloux, F.: Reinventing Organizations. Vahlen 2015.

⟶ ACHTSAMKEIT IM UNTERNEHMEN LÖST EINEN WANDEL VON „HUMAN RESOURCES" ZU „PEOPLE MANAGEMENT" AUS.

Nicht überraschend ist es, dass Firmen, die sich auf die Feelgood-Kulturreise begeben haben, ihre Werte, Haltung und auch ihre Organisationsentwicklung positiv verändern. Die Münchner Firma Kartenmacherei ist ein gutes Beispiel dafür, wie positive Impulse aus dem Feelgood Management dazu beitrugen, die HR-Abteilung in „People & Culture" zu transformieren. Die ehemalige Feelgood Managerin des Online-Unternehmens ist heute Teil des People & Culture-Teams.

Über das Feelgood Management gelingt es Unternehmen, die Perspektiven des Individuums und der Organisation miteinander ins Gespräch zu bringen und gemeinsam zum Wohle beider weiterzuentwickeln. Auf ganzer Linie können Firmen so durch Feelgood Management von dem geballten Wissen und Potenzial ihrer achtsamen und ganzheitlich wahrgenommenen Mitarbeiterbelegschaft profitieren.

3

KULTUR

BETRIEBSSYSTEM EINER ORGANISATION

DAS SOZIALE BETRIEBSSYSTEM EINER ORGANISATION

Betriebssysteme stellen die grundlegenden Funktionen eines Computers bereit und ermöglichen die Ausführung von Software. Das soziale Betriebssystem einer Organisation ist ihre Kultur.[26] Die mentale Software liegt in den Mitarbeitenden, in ihren menschlichen und ureigenen mentalen Fähigkeiten. Wenn das soziale Betriebssystem und die mentale Software nicht mehr kompatibel sind, treten Störungen auf. Häufig liegen die Ursachen von Störungen im nicht wertekompatiblen Verhalten von Führungskräften.[27] Die Folge: ein Software-Update oder sogar ein neues Betriebssystem müssen her.

Welche Ausmaße Störungen in deutschen Unternehmen angenommen haben, belegt die astronomisch hohe Zahl von 5 Millionen Arbeitnehmern[28], die bereits innerlich gekündigt haben und keinerlei emotionale Bindung mehr zum Unternehmen besitzen. Weitere Studien[29] zeichnen ein zutiefst düsteres Bild von der Arbeitsatmosphäre in deutschen Büros, denen zufolge drei von vier Beschäftigten lediglich Dienst nach Vorschrift ableisten. Ein menschliches Armutszeugnis!

Aus unternehmerischer Sicht besteht bei Störungen des sozialen Betriebssystems, der Wertekultur, Handlungsbedarf von allerhöchster Priorität. Das Risiko eines Systemausfalls und der damit verbundenen negativen Folgen auf Produktivität, Stimmung und Arbeitgeber-Image ist immens hoch.

Die Unternehmenskultur entscheidet maßgeblich
über den wirtschaftlichen Erfolg.

GALLUP 2018

---

[26] Hofstede G./Hofstede. G.: Cultures and Organizations: Software of the Mind, 2010.
[27] Gallup Deutschland, Engagement Index, 2018.
[28] ebd.
[29] ebd.

Ändert sich der Markt durch technologische Veränderungen – Stichwort: Digitalisierung –, hat das großen Einfluss auf Organisationen und ihre Kultur. Beim Wandel zum digital effizienten Unternehmen spielt eine positive Firmenkultur eine besonders wichtige Rolle. Denn: Technik schafft lediglich die Voraussetzungen. Ohne das Engagement der Menschen in den Betrieben, ihre positive Haltung, Offenheit und ihre Wissbegier, wird der digitale Wandel nicht gelingen. Für Organisationen ist der Faktor Menschlichkeit eine der größten Herausforderungen[30], wie die mühevollen Erfahrungen von Alexander Birken, CEO der Otto-Gruppe, bestätigen: „Der herausforderndste Teil dessen, was vor uns liegt, ist der Menschliche."

---> **KULTUR IST DAS GRÖSSTE HINDERNIS ODER DER STÄRKSTE BESCHLEUNIGER VON TRANSFORMATION.**

„Culture eats strategy for breakfast", lautet ein häufig verwendetes Zitat des bekannten Ökonomen Peter Drucker. Es könnte kaum aktueller sein. In den letzten zehn Jahren haben 87 Prozent der Unternehmen Transformationsprojekte angeschoben – 75 Prozent dieser Bemühungen sind gescheitert.[31] Das liegt daran, dass sie sich fast ausschließlich auf Struktur und Verhalten konzentrierten. Nur wenige Unternehmen befassen sich mit Kultur und Mindset, das heißt damit, wie ihre Mitarbeiter denken, fühlen und interagieren. Für eine erfolgreiche Organisationstransformation ist das jedoch von entscheidender Bedeutung.

> **Kultur entscheidet, wie schnell die Organisation sich auf veränderte Rahmenbedingungen einstellen kann.**
> GALLUP 2018

Für Sony Pictures beispielsweise ist die Unternehmenskultur genauso wichtig wie das Produkt: „Die Kultur, die wir schaffen, ist der Klebstoff. Dies hält das Unternehmen zusammen und macht es so flexibel, dass wir auf alles vorbereitet sind, egal was auf dem Markt passiert", so Amy Pascal, Ex-Cochair of Sony Pictures.

> **Kultur ist kein weicher Faktor, sondern eine Existenzfrage.**
> MARTIN SPILKER, BERTELSMANN STIFTUNG

---

[30] Studie „Roboter, Rebellen, Relikte. Überkommene Strukturen behindern die Digitale Transformation." Bearing Point, 2017.
[31] vgl. https://theenergyproject.com/approach/

Mit Blick auf das beachtliche wirtschaftliche Potenzial, das vom Betriebssystem des Unternehmens, der Kultur, ausgeht und die Frage, wie gut es ausgeschöpft wird, lautet die klare Message an jeden CEO: Die Gestaltung einer menschorientierten Unternehmenskultur hat höchste Priorität.

DIE LOGISCHE KONSEQUENZ: MENSCHORIENTIERTE KULTUR

Wenn die mentale Software, das heißt das mentale Kapital von Organisationen, untrennbar mit dem Menschen verknüpft ist, ist die logische Konsequenz, dass Firmen ihre Unternehmens- und Wertekultur am Menschen orientiert ausrichten. Insbesondere ist das für Unternehmen überlebensnotwendig, für die Wissen und Innovation einen hohen Anteil der Wertschöpfung bzw. der Zukunftsfähigkeit darstellt, wie zum Beispiel für Unternehmen in der IT- und Digital-Branche. Insofern überrascht es nicht, dass Unternehmen mit menschorientierter Unternehmenskultur auf neudeutsch employee-centric culture, wie Google, Zappos[32] und Vaude[33], zu den erfolgreichsten Firmen ihrer Branche zählen.

Menschorientierte Wertekultur – Wovon reden wir hier?

Bei der menschorientierten Kultur unterscheiden wir zwischen Kern- und Differenzierungswerten. Die grundlegenden Kernwerte wie Respekt, Wertschätzung und Eigenverantwortung stellen die allgemeine Geschäftsgrundlage des menschlichen Miteinanders dar.[34] Während die Differenzierungswerte, wie Fehlerkultur oder maximale Kundenorientierung als strategische Kultur- und Leistungsmerkmale zur eindeutigen Abgrenzung und Positionierung am Markt zu verstehen sind.

Menschorienterte Kultur		
1. Feelgood Kultur	[needed to play]	= Mensch
2. Performance Kultur	[needed to win]	= Markt

---

[32] vgl. www.zappos.com/about/purpose

[33] vgl. https://nachhaltigkeitsbericht.vaude.com/gri/vaude/unternehmensphilosophie.php?navid=563980563980

[34] Bosch, U./Henschel, S./Kramer, S.: Digital Offroad: Erfolgsstrategien für die digitale Transformation. Haufe 2018, S. 53.

Das „WIR" in der Kultur

Die Kraft des „WIR" fokussiert sich auf das Gemeinsame und nicht das Trennende. Das ist der rote Faden, der Unternehmen in die Zukunft führt. Trotz der Wichtigkeit von mitarbeiterorientierter Kultur, kommen Leitbilder von Organisationen oft noch einem Tummelplatz der Austauschbarkeit gleich. Die wenigsten sind unter wirklicher Beteiligung der Mitarbeitenden entstanden. Mit diesem Vorgehen wird der Kraft des „WIR" der Entfaltungsraum verwehrt. Dabei wirkt ein klares menschorientiertes Leitbild mit tief verankerten WIR-Kulturwerten im höchsten Maße identifikationsstiftend und verbindend.

WIR-getriebene Unternehmen schöpfen aus dem Vollen, verlassen sich bei Innovation nicht auf Zufälle oder Einzelaktionen, sondern nutzen das WIR als Grundlage eines neuen Innovations- und Arbeitsansatzes. Weitere Resultate sind effizientere Kommunikation, höheres Engagement und stärkere Identifikation mit den Unternehmenszielen – in der Gesamtheit ergibt das eine leistungsstarke Mannschaft.

Für Unternehmen, die sich auf die menschliche WIR-Kulturreise begeben, sind mit der von GOODplace entwickelten Feelgood Kultur-Landkarte (vgl. Kapitel 6) in der Lage, ihre WIR-Kultur und damit ihrer Feelgood-Kultur im Organisationskontext selbst zu gestalten.

Der Googleyness-Faktor

Internationale Forschungen belegen: Mitarbeiter, die sich wertgeschätzt und emotional verbunden fühlen, identifizieren sich sehr viel stärker mit ihrem Unternehmen und verhalten sich generell loyaler gegenüber ihrem Arbeitgeber.[35]

Über das Prinzip Mitarbeiterzentrierung gelingt es, einzelne Individuen und ihr Potenzial zur Entfaltung zu bringen und vereint zu einem ganzheitlichen WIR zu verschmelzen. Das macht den sogenannten Googleyness-Faktor von Unternehmen aus – einem Synonym für attraktive Arbeitgeber wie zum Beispiel Google und LEGO.

Google[36] versucht dabei, das Unternehmen ein Stück weit um die Mitarbeiter herum zu gestalten. Und auch wenn es dabei manchmal knirscht, wird dennoch versucht, dem Einzelnen, wo immer es geht, gerecht zu werden.

Demgegenüber steht die weitverbreitete Haltung vieler Personalverantwortlichen, bloß keine Ausnahmeregeln zuzulassen, die womöglich funktionierende Prozesse

---

[35] Lilius, Jacoba M.: What good is compassion at work?, 2003.
[36] Kohl-Boas, F./Winkler, B.: Good work. Good culture. Organisationsentwicklung, Heft 4/2017, S. 23.

verlangsamen oder gar gefährden. Für sie zählen Standardregeln, die für alle Kollegen und Kolleginnen gleichermaßen zu gelten haben. Deshalb mag für manche Personalentscheider die neue Menschzentriertheit einen echten Kulturschock bedeuten – doch besser jetzt als nie.

Denn die Vorteile überwiegen deutlich. Einen hohen Googleyness-Faktor als Unternehmen zu besitzen, bedeutet weniger Aufwand für Talent-Rekruitierung, weniger Kosten für Headhunter und mehr Zeit für die eigentliche „People"-Arbeit.

Investitionen in menschorientierte Kultur lohnen sich, wie Studien zeigen. In Unternehmen mit wenig Wertschätzung möchte jeder zweite neu eingestellte Mitarbeiter die Organisation am liebsten nach einem Jahr wieder verlassen.[37] Ein Vergleich: Emotional verbundene Mitarbeiter sind leistungsstärker und schöpfen bis zu 70 Prozent ihres Leistungspotenzials aus – unzufriedene Mitarbeiter nur bis zu 30 Prozent.[38]

> If you live for the weekends and vacations, your shit is broken.
>
> GARY VAYNERCHUK, US-SERIEN-UNTERNEHMER, SOCIAL-MEDIA-KORYPHÄE

KULTUR MIT HERZ: VORDENKER AUF DER ÜBERHOLSPUR

Wir erinnern uns: Arbeitszeit ist ein großer Teil unserer Lebenszeit und Freude im Leben ist gleichbedeutend mit Freude im Job.

Eine menschorientierte Kultur konzentriert sich in ihrer Gesamtheit auf die Faktoren Mensch und Markt zu gleichen Teilen. Die Vereinigung dieser beiden Perspektiven lässt eine Kultur- und Wertelandschaft in Organisationen entstehen, in der Freude im Job und Gewinnen am Markt stets zusammen gedacht werden.

Noch einen Schritt weiter geht Claude Silver, Chief Heart Officer von VaynerMedia, die mit jeder einzelnen Person ihrer 800 Mitarbeiter verbunden ist: „Kultur ist eine Textur. Es ist eine Stimmung. Ein Gefühl. Und Kultur lebt. Es ist definitiv nicht ein- oder zweidimensional – ich denke, Kultur ist sehr dreidimensional. Kultur ist in aller Kürze der Herzschlag für mich. Es ist etwas, das ein ganzes System absolut zum Leuchten bringt - wenn es vorhanden ist und gedeiht."[39]

---

[37] Mummert, HumanResources-Studie, 2016.
[38] Gallup Studie, 2018.
[39] https://hazelhq.com/blog/claude-silver-vaynermedia-interview/

Ein System, das leuchtet, nutzt seine Energien und seine emotionale Intelligenz optimal. Davon ist Claude's Chef Gary Vaynerchuck, US-Serien-Unternehmer und Bestseller-Autor, absolut überzeugt. Auf die häufig gestellte Frage, wie man eine großartige Kultur in einem Unternehmen aufbaut, gibt Vaynerchuck im Video „Why you might need to fire your most talented employee"[40], einer über 8 Millionen großen Business Audience überraschende Antworten.

In einer großartigen Unternehmenskultur gehe es nicht darum, „kostenlose Snacks in ihrer Cafeteria zu haben" oder einen „Kicker", argumentiert er. Stattdessen „bauen sie Kultur auf, indem sie tatsächlich mit Menschen sprechen und verstehen, worauf es ihnen ankommt".

„Was viele Menschen nicht verstehen, ist, dass Geschwindigkeit im Business von einer großartigen internen Kultur herrührt", so Unternehmer Vaynerchuck weiter, „die größten Dinge, die ihr Unternehmen schnell machen, sind Kontinuität und Mangel an Politik".

Seine klare Haltung: Gute Leistung macht schlechtes Benehmen nicht wett.

Aus diesem Grund spielt es für Vaynerchuck keine Rolle, wie leistungsstark die Zahlen eines Mitarbeiters sind, wenn er oder sie alle anderen Mitarbeiter unglücklich macht. Für ihn kommt alles darauf an, emotional intelligent zu sein, um genau diese Situationen und Menschen zu erkennen und klare Haltung zu zeigen.

Sein Ratschlag an Geschäftsführer und Führungskräfte: „Es ist an der Zeit, dass die Menschen anfangen, auf die ‚Human Elements' zu achten, die unser Geschäft auf die nächste Ebene bringen." Er fügt hinzu: „Dies ist ein Gespräch, das wir nicht führen, und es ist *das* Gespräch im nächsten Jahrzehnt."[41] Diese Diskussionen über Haltung, Werte und ein modernes Menschenbild sind ohne Frage anstrengend. Aber wer sie nicht führt, braucht sich keine Gedanken über Produktivität, Innovation und Zukunftsfähigkeit zu machen. Denn er hat keine Zukunft, davon bin ich überzeugt.

---

[40] Vaynerchuck, G.: Why you might need to fire your most talented employee – www.linkedin.com/feed/update/activity:6512312588410327040/
[41] ebd.

4

HUMAN ELEMENTS

MENSCHLICHKEIT

Der Chef von Morgen wird nicht mehr von oben nach unten gucken.
Er wird aus der Perspektive der Mitarbeiter schauen, was diese brauchen.
Dann wird er ein Ermöglicher sein. Und ein Ermöglicher ist ein Liebender.

GERALD HÜTHER, HIRNFORSCHER

MENSCHLICHE FÜHRUNG – HUMAN LEADERSHIP

Immer mehr Unternehmenslenker erkennen die Zeichen der Zeit und damit den alternativlosen Wandel hin zu einem menschlichen Führungsverständnis. Daraus haben sich demokratische Organisationsformen, agile Denk- und Arbeitsweisen sowie neue Formen der Zusammenarbeit entwickelt. Die Treiber liegen neben der unternehmerischen Vernunft in der eigenen Führungshaltung, gepaart mit dem Wissen, dass der Wandel nur gemeinsam mit der eigenen Mannschaft erfolgreich gestaltet werden kann.

Eine Frage der Haltung

Der Blick in die Praxis zeigt, dass Haltung und damit der Reifegrad unter den Chefs von deutschen Firmen zunehmen. Dazu nachfolgend einige Beispiele.

BEISPIEL:

Empowerment Leadership bei Kienbaum
Fabian Kienbaum bezeichnet sich selbst nicht als CEO im klassischen Sinne. Für ihn steht CEO für Chief Empowerment Officer. Es gehe darum, „eine Kultur zu schaffen, in der Potenzialentfaltung großgeschrieben wird".[42] Führung bindet immer Kapazität und ist anstrengend. Beim Empowerment-Ansatz bekommt man etwas Wichtiges zurück, Verständnis füreinander, Authentizität und vor allem Haltung. Das sind Werte, die Organisationen zu Höchstleistungen bringen.

---

[42] https://t3n.de/news/fabian-kienbaum-changerider-ziel-1085454/

Statt klassischer Führung setzt Empowerment Leadership darauf, Mitarbeiter stärkenorientiert zu beteiligen und zu bevollmächtigen. Konkret geht es um Ermächtigung, Befähigung und Aktivierung von Mitarbeitern.

BEISPIEL:

Vaude und nachhaltige Führungskultur

Antje von Dewitz, die Geschäftsführerin von Vaude und Managerin des Jahres 2018, beschreibt ihr Führungsverständnis mit den Worten: „Wenn man ein Unternehmen normal führt, hat man ständig drei Bälle in der Luft. Wenn man es nachhaltig führt, werden das unglaublich viele Bälle mehr. Die kann man gar nicht alleine jonglieren, deswegen braucht es eine Kultur, in der alle mitjonglieren können."[43]

Viele Unternehmenslenker, vor allem der jüngeren Generation, verkörpern selbst die Haltung, dass es einem die eigenen Werte gebieten, den Mitarbeitern ein attraktives Wohlfühl-Arbeitsumfeld zu ermöglichen, um Spitzenleistungen erwarten zu können.

Eine wachsende Anzahl an Firmen setzt Feelgood Management ein, um den Nährboden für erfolgreiche Kulturarbeit zu bereiten. Dazu zählen Betriebe wie kreuzwerker, Star Finanz, Silbury und Markatus. Ihnen gemeinsam ist, dass Führungskräfte über Haltung und damit über den zugrundeliegenden Reifegrad für die menschliche Kulturreise verfügen.

> **Wenn es erfolgreiche Modelle gibt für besseres Arbeiten,
> die gut funktionieren, werden sie sich am Markt automatisch durchsetzen.**
>
> CHRISTIAN BEINKE, DARK HORSE, INNOVATIONSBERATUNG

Um mit der gesamten Mannschaft am Markt erfolgreich sein zu können sowie die Organisation erfolgreich weiterzuentwickeln, bildet die Arbeit an der Kultur die Basis für alle weiteren Entwicklungen, so die Erfahrungen von Jimdo und Wooga, Pionier-Firmen des Feelgood Managements.

Wer das Glück hat, diese Unternehmen als Besucher kennenzulernen – wie etwa schon Angela Merkel bei Besuch von Wooga –, bekommt ein gutes Gefühl dafür, warum das Unternehmen „rockt", was Mitarbeiter dort enorm glücklich und stolz macht und daher die optimalen Bedingungen für ein gutes Arbeitsleben schafft.

---

[43] www.wiwo.de/unternehmen/mittelstand/vaude-2-passe-kultur-und-ziele-an/23180226-3.html

Eine Frage des Vertrauens

Wenn wir über menschliche Führung sprechen, geht es nicht mehr länger nur um Zahlen, sondern vielmehr um die Menschen und ihre wertvolle Arbeit im Unternehmen. Es geht darum, den ganzen Menschen wahrzunehmen und ihm Vertrauen entgegenzubringen. Sehr Überraschendes hat die Studie „The Right Amount of Trust"[44] herausgefunden, die den Zusammenhang zwischen der Fähigkeit zu vertrauen und dem wirtschaftlichen Erfolg des Einzelnen untersucht hat. Um es kurz zu machen: Das rechte Maß an Vertrauen zahlt sich aus, so das eindeutige Ergebnis. Demnach ist der ökonomische Nutzen von Vertrauen signifikant höher als der von Vorsicht. Zu viel Misstrauen richtet einen höheren Schaden an als zu viel Vertrauen. Personen mit übermäßig pessimistischen Überzeugungen verwenden viel Energie darauf auf, sich davor zu schützen, betrogen zu werden, indem sie lohnende Möglichkeiten aufgeben und in der Konsequenz weniger leistungsfähig sind. Die Kosten für zu viel oder zu wenig Vertrauen für den Einzelnen sind vergleichbar mit dem Einkommen, das durch den Verzicht eines Universitätsabschlusses verloren geht, so die Studie.[45]

Das richtige Maß an Vertrauen stellt somit im Idealfall einen finanziellen Vorteil dar – das gilt für Menschen wie auch für Unternehmen gleichermaßen. Die gute Nachricht für Führungskräfte: Die Fähigkeit mehr zu vertrauen lässt sich erlernen.

> **Nichts ändert sich, bis du dich selbst änderst, und dann ändert sich alles.**
>
> BODO JANSSEN, ANSELM GRÜN,
> AUTOREN VON „STARK IN STÜRMISCHEN ZEITEN"

Neues Führungsverständnis

Jahrzehntelang wurden Führungskräfte in Leadership-Programmen darauf getrimmt, professionelle Distanz zu Mitarbeitenden zu halten und ihre Emotionen und Gefühle auszublenden.

⇢ **MITARBEITER SIND INDIVIDUEN MIT HIRN, HERZ UND GEFÜHLEN.**

Obwohl dieses Denken heute als überholt gilt, ist das soziale Gefüge in vielen Firmen und Konzernzentralen noch stark geprägt von Distanz und Emotionslosigkeit. Das

---

[44] Butler, J./Guiliano, P./Guiso, L.: The Right Amount of Trust. Journal of the European Economic Association 2016.

[45] ebd.

erklärt vielleicht, weshalb gerade unter jungen Menschen der Wunsch nach menschlichem Austausch, nach Wertschätzung und Gemeinschaft so virulent ist.

Das klassische Führungsverständnis beruhte auf der Haltung: Der Mensch ist eine Ressource, die im Unternehmen effizient einzusetzen ist. Doch eingeleitet durch die Vierte Industrielle Revolution werden alte Modelle der Führung den neuen Entwicklungen nicht mehr gerecht. Ein neues Führungsverständnis wird gebraucht.

Um in Zukunft erfolgreiche Führungsarbeit für hochwirksame Organisationen leisten zu können, hat Chris Groscurth, Autor von *Future-Ready Leadership*, fünf Führungsregeln für das digitale Zeitalter aufgestellt.[46] Seine Sichtweise ist erfrischend eindeutig: Wenn Führungskräfte die Regeln nicht kennen, werden sie ihnen nicht folgen.

Ob Sie Führungskraft oder Mitarbeiter mit Führungsambitionen sind oder einfach neugierig: Diese Regeln verschaffen Ihnen einen Eindruck, wohin die Reise in das neue achtsame Führungszeitalter geht.

Fünf achtsame Führungsregeln für das digitale Zeitalter

Regel 1: Sei anwesend!

Die alten Führungsregeln schrieben Vorgesetzten vor, unnahbar zu sein. Führungskräfte erreichten diesen Abstandhalten-Status durch mehrere Schichten an Hierarchien zwischen sich und ihren Mitarbeitern sowie durch die von ihnen geschaffenen kulturellen Normen, wie zum Beispiel das Chef-Büro in der obersten Etage zu platzieren.

Durch das Tempo der alten Realität bleibt den Führungskräften nur wenig Zeit, sich mit den Personen in ihrer Organisation zu treffen, die ihren Kunden am nächsten sind. Ironischerweise haben diese Leute normalerweise die besten Ideen für Wachstum und Innovation.

Die neuen Führungsregeln sagen: Sei präsent! Anwesend zu sein bedeutet in erster Linie, für sich selbst präsent zu sein. Es bedeutet, sich um sein eigenes Wohlbefinden zu kümmern. Liebe Führungskraft, wenn Sie für sich selbst anwesend sind, können Sie (und nur dann) für Ihre Familie anwesend sein. Sei für deine Freunde anwesend. Sei für dein Team anwesend. Seien Sie für Ihre Mitarbeiter präsent. Und seien Sie für Ihre Kunden präsent.

---

[46] Groscurth, Ch.: Future-Ready Leadership: Strategies for the Fourth Industrial Revolution. PRAEGER FREDERICK A 2018.

Diese Regel des Vorhandenseins bedeutet „auftauchen". Einfach auftauchen. Zeigen Sie sich in den Büros, überraschen Sie Ihre Mitarbeiter mit einem unangekündigten Besuch und hören Sie ihnen einfach einmal zu. Auch bekannt als Management by Wandering Around (MBWA).[47]

TO DO:
Auftauchen und Fragen stellen, lernen und beobachten. Einfach mehr präsent sein!

Regel 2: Mache mehr mit anderen!

Alte Führungsregeln sagten: „Do more with less". Die Zweite und Dritte Industrielle Revolution waren darauf ausgerichtet, mit weniger mehr zu erreichen, ganz im Sinne der Ressourcen-Effizienz. Doch der Ansatz „Mehr mit weniger" eignet sich nicht mehr in Zeiten der Vierten Industriellen Revolution, in der über Innovation und Kreativität Werte geschaffen werden. Vielmehr muss es jetzt heißen: „Do more with different."

Die Aufgabe der Führung im digitalen Zeitalter besteht darin, die Talente ihrer Mitarbeiter zu sehen, zu stärken, zu verbinden und Potenziale zu entfesseln, damit sie als Führungskraft mehr wirken können durch Vielfalt und Kollaboration.

TO DO:
Lerne Vielfalt wahrnehmen. Einfach mal andere fragen, worin sie richtig gut sind.

Regel 3: Finde deinen Weg!

Die alten Führungsregeln sagten: „Geben Sie die Richtung vor." Führungskräfte der Old Leadership School haben das schon früh gelernt. Richtung vorgeben. Vision kommunizieren. Strategie erstellen. Truppen sammeln. Rollout. Das digitale Zeitalter hat die Regeln für die Festlegung der Richtung geändert. Zu viele Unwägbarkeiten, zu hohe Komplexität und Neuland in vielerlei Hinsicht.

Führungskräfte müssen neue Fähigkeiten erlernen, die sich weniger auf die Richtung als auf die Wegfindung beziehen. Sie müssen lernen, wie man den Weg finden kann, um im digitalen Zeitalter erfolgreich zu sein. Wegfinder stellen Fragen. Wegfinder sind verwundbar. Wegfinder hören zu. Wegfinder stellen das Ego zur Seite. Wegfinder bitten um Hilfe. Wegfinder vertrauen anderen und ihren Wegbeschreibungen.

---

[47] https://en.wikipedia.org/wiki/Management_by_wandering_around

Wie Sie lernen, wie Sie suchen müssen.

Wenn Sie das nächste Mal in einer fremden Stadt ankommen und zu einer Besprechung müssen, verwenden Sie KEIN Navigationssystem. Stoppen Sie stattdessen bei der nächsten Tankstelle oder am nächsten Kiosk und fragen nach dem Weg. Schütteln Sie die Hand des Mechanikers oder Verkäufers. Geben Sie zu, dass Sie orientierungslos sind und bitten um Hilfe. Dann bedanken Sie sich bei der Person aufrichtig, kaufen etwas von ihr und machen sich auf den Weg. Überlegen Sie anschließend, wie sich diese Erfahrung angefühlt hat, welche Fähigkeiten Sie eingesetzt haben, und nehmen Sie die erlernten Lektionen in Ihre Führungsrolle zurück. So werden Sie besser bei der Wegfindung.

> **TO DO:**
> Ein Ziel erreichen ohne die Hilfe eines Navigationssystems. Einfach mal andere Menschen nach dem Weg fragen und um Hilfe bitten!

Regel 4: Sei ein Lernender!

Die alten Führungsregeln sagten: „Sei ein Experte." Die neuen Führungsregeln sagen: „Sei ein Lernender." Lernen und Entwicklung sind maßgebliche „Game Changer"-Kompetenzen für das digitale Zeitalter.

Immer ein Lernender zu sein, bedeutet auch mehr „Learning by doing". Führungskräfte müssen mehr aus Erfahrungen lernen, auch um als Vorbild für eine „Never stop learning"- Kultur zu fungieren.

Erfahrungen bestimmen, wie Entscheider denken, wie sie beobachten, worauf sie achten und wie sie sich verhalten. Es gibt bestimmte Erfahrungen, die für das Lernen einer Führungskraft herausfordernder und störender sind. Diese kritischen oder bahnbrechenden Erfahrungen führen zu wichtigen Erkenntnissen.

In der Regel sollten Manager 70 Prozent ihrer Zeit in berufsbegleitendes Lernen investieren, 20 Prozent in informelle Gespräche, um die Lektionen zu diskutieren, und 10 Prozent in formales Lernen.

Ein noch wichtigeres Instrument, um das Lernen zu beschleunigen, ist die Teilnahme an neuen Lernformaten, wie Meetups, Communities of Practise und Fuckup-Nights, ein Entertain-Format um offen über Fehler zu sprechen.

Niemand kann alles in der digitalen Wirtschaft wissen, daher liegt es in der persönlichen Verantwortung eines jeden, einen sozialen Beitrag zu leisten, indem wir Wissen teilen und weiterentwickeln, entsprechend dem Mindset „Sharing ist caring".

Wie Sie lernen, Erfahrungen zu machen

Erweitern Sie Ihre bisherigen Fachkreise. Suchen Sie sich neue Fach-Communities in Ihrer Region (z. B. meetup.com). Suchen Sie den Austausch und diskutieren Sie Ihre Sichtweise mit anderen. Bitten Sie um Hilfe, um neue und relevante Impulse zu bekommen. Werden Sie neugierig. Bleiben Sie offen für neue Ideen. Nehmen Sie sich Zeit, um Ihr Wissen relevant zu halten und Ihre Fähigkeiten zu verbessern.

TO DO:
Einfach mal an einem Meetup oder einer Fuckup-Night in Ihrer Region teilnehmen.

Regel 5: Praktiziere Wahrnehmung!

Die alten Führungsregeln sagten: „Sei Entscheider." Entscheidungen sind jedoch heute komplexer als je zuvor, daher reicht es nicht aus, nur Entscheidungen zu treffen. Die neuen Regeln der Führung sagen: „Sei wahrnehmend" zur Schärfung des eigenen Urteilsvermögens.

TO DO: Folgen Sie den ersten vier Regeln.

Wenn Sie mit Ihrem Team mehr tun, wenn Sie präsent sind, wenn Sie mit Demut und Offenheit Wege finden, und wenn Sie für neue Erfahrungen und das Lernen offen bleiben, haben Sie einen besseren Zugang zu den Menschen und Informationen, die Sie für Ihre Entscheidungen benötigen.

Fünf achtsame Führungsregeln für das digitale Zeitalter

Regel 1: Sei anwesend!
Regel 2: Mach mehr mit anderen!
Regel 3: Finde deinen Weg!
Regel 4: Sei ein Lernender!
Regel 5: Praktiziere Wahrnehmung!

Quelle: In Anlehnung an Groscurth, Future-Ready Leadership

Am Ende des Tages geht es darum, die richtigen Dinge zu tun und gleichzeitig diese Dinge richtig zu tun. Das erfordert ein neues Führungsverständnis mit Demut, Balance, Offenheit, Einfühlungsvermögen und Achtsamkeit – sich und dem Team gegenüber.

*Beurteile einen Tag nicht danach, welche Ernte Du am Abend eingefahren hast,
sondern danach, welchen Samen Du gesät hast.*

ROBERT LOUIS STEVENSON, SCHOTTISCHER SCHRIFTSTELLER

Neue Führungskompetenz: Emotionale Intelligenz

Emotionale Intelligenz – die „must have"-Kompetenz

Als Daniel Goleman[48] im Jahr 1996 sein Buch *Emotional Intelligence* veröffentlichte, heimste es hervorragende Kritik ein. Goleman beschrieb darin das Zusammenspiel von kognitiver und emotionaler Entwicklung und präsentierte der Welt ein revolutionäres Führungskonzept, das den Umgang mit sich selbst und mit anderen Menschen in den Mittelpunkt stellt.

Emotionale Intelligenz – abgekürzt mit EQ – beschreibt demnach das Selbstmanagement und die Selbsterfahrung auf der einen Seite sowie Kompetenzen und Fähigkeiten im Umgang mit anderen auf der anderen, zu denen Empathie und soziale Kompetenz zählen.

Nur analytisch und konzeptuell denken zu können, macht weder heute noch in Zukunft eine gute Führungskraft aus. Emotionale Intelligenz wird dadurch zu einem Schlüssel erfolgreicher Führung, auch wenn ihre Strahlkraft sowie ihre Wirkung in Organisationen noch weitestgehend unbekannt sind. Jedoch ändert sich das gegenwärtig.

Neue Arbeitswelt: die menschliche Intelligenz zählt

Ein aktueller Blick in die nahe Zukunft lässt erkennen, warum emotionale Intelligenz eine wichtigste Zukunftskompetenz darstellt. So zählt etwa das World Economic Forum[49] die emotionale Intelligenz zu den zehn wichtigsten Zukunftsfähigkeiten 2022 mit besonders steigender Nachfrage in der Führung.

Untersucht man Unternehmen, die New Work- und Agilität-erfahren sind, wird schnell klar, wie zentral die Weiterentwicklung persönlicher Kompetenzen ist. Erst wenn diese Kompetenzen bei einer kritischen Masse von Führungskräften und Mitarbeitern entwickelt sind, schafft die Organisation den Sprung über die Anwendung agiler Techniken und Praktiken hinaus und fängt an, Agilität zu leben. Nur so entstehen nachhaltig erfolgreiche Unternehmen mit begeisterten Kunden und zufriedenen Mitarbeitern.

---

[48] Goleman, D.: EQ. Emotionale Intelligenz, dtv 1997.
[49] vgl. www.weforum.org/agenda/2018/09/future-of-jobs-2018-things-to-know

Klassische Arbeitswelt: der Mensch ist abhanden gekommen

Für Mitarbeiter und Teams ist das unmittelbare Arbeitsumfeld der Resonanzboden, auf dem Arbeitsfreude, emotionale Bindung und Identifikation durch den Einfluss des direkten Vorgesetzten erzeugt werden. Seine Fähigkeit, eigene und fremde Gefühle wahrzunehmen, zu verstehen und Empathie zu zeigen – neben der fachlichen Kompetenz –, ist dabei das A und O.

Ein Blick in deutsche Firmen[50] vermittelt jedoch ein düsteres Bild:

- Nur 15 Prozent der Arbeitnehmer in Deutschland sind emotional an ihr Unternehmen gebunden und bringen sich mit Herz, Hand und Haltung ein.
- Über 70 Prozent, also die große Mehrheit von Mitarbeitern in deutschen Unternehmen, schweigt, statt Einsatzfreude und Engagement an den Tag zu legen.

Die erschütternde Erkenntnis ist, dass aus motivierten Leuten Verweigerer werden, die lediglich Dienst nach Vorschrift ableisten, während ihr Potenzial, das in ihren Herzen, Händen und ihren Köpfen schlummert, größtenteils brach liegt. Das kommt einem menschlichen und ökonomischen Desaster gleich. Auf der einen Seite werden händeringend Fachkräfte gesucht und können offene Stellen nicht besetzt werden, doch auf der anderen Seite leistet man es sich, vorhandenes mentales Potenzial nicht auszuschöpfen.

Die grundlegenden betriebswirtschaftlichen Gesetzmäßigkeiten von Effizienz und guten Wirtschaften werden einfach ignoriert. Der Ruf nach den Verantwortlichen wird laut.

> **Menschen kommen zu Unternehmen, aber sie verlassen Vorgesetzte.**
> REINHARD K. SPRENGER, AUTOR VON „RADIKAL FÜHREN"

Schuld an der Misere tragen laut Gallup[51] schlechte Vorgesetzte. Demnach bildet auch die Führungsetage die Stellschraube, die dringend bewegt werden müsste. Unzureichende Führung kostet die deutsche Wirtschaft bis zu 105 Milliarden Euro im Jahr[52] – so hoch sind die Verluste durch innere Kündigungen der Mitarbeiter.

---

[50] Gallup Engagement Index, 2018 – www.gallup.de/183104/german-engagement-index.aspx
[51] ebd.
[52] vgl. www.wiwo.de/erfolg/beruf/gallup-studie-fuehrungskraefte-sind-der-wahre-produktivitaetskiller/19552634.html

Emotionale Intelligenz ist erlernbar

Untersucht man das Verhalten von Führungskräften in erfolgreichen Unternehmen, wird schnell klar, dass viele von ihnen über die gerade beschriebenen EQ-Talente und -Fähigkeiten verfügen. Bleibt die Frage: Wurden sie ihnen in die Wiege gelegt oder lassen sich diese Eigenschaften auch erlernen?

Die wunderbare Nachricht: Emotionale Intelligenz ist keine schicksalsgegebene Frage von Genen, sondern ist erlernbar. Für Führungskräfte lautet das Stichwort: Achtsame Führung.

Vorreiter-Unternehmen finden sich unter den Flagships der US-amerikanischen Wirtschaft: Google, Facebook und Zappos haben in den vergangenen Jahren intensiv in EQ-Schulungsprogramme investiert.

Emotionale Intelligenz = Herzensbildung

Eine weitere gute Nachricht: Menschen mit ausgeprägter emotionaler Intelligenz sind nicht nur extrem sympathisch, sondern schneiden auch im Job wesentlich besser ab.[53] Doch was auf Menschen zutrifft, lässt sich auch auf Organisationen übertragen: Umso ausgeprägter die emotionale Intelligenz in Unternehmen, desto sympathischer und attraktiver wirkt das Unternehmen nach innen und außen.

Die beschriebenen Wirkungseffekte machen richtig Lust auf Herzensbildung – ein wunderbar treffendes Wort, das bereits Friedrich Schiller[54] dafür verwendete.

···> **EMOTIONALE INTELLIGENZ IST EINE FORM DER HERZENSBILDUNG.**

Die Tatsache, dass Herzensbildung als Obergriff für menschliche Soft Skills bislang für Führungskräfte nicht die höchste Priorität einnahm, ist nachvollziehbar. Es braucht eben ein ermutigendes Umfeld und den Zugang zu achtsamer Führung, sogenannter Mindful Leadership. An diesem Punkt ist klar die Unternehmensleitung gefragt, ihren Führungskräften und Mitarbeitern Achtsamkeitsressourcen zugänglich zu machen und den notwendigen Freiraum sowie die Mittel dafür bereitzustellen.

---

[53] vgl. www.businessinsider.de/die-12-eigenschaften-zeichnen-extrem-sympathische-menschen-aus-2016-2
[54] Frevert, U.: Goethe Institut – Humboldt Redaktion, 2012 – www.goethe.de/wis/bib/prj/hmb/the/158/de104 38354.htm

---

BEISPIEL:

Achtsame Führung bei SAP

Ethische und sinnstiftende Elemente sind seit geraumer Zeit auch Teil der Führungs-kultur bei SAP. Das Softwarehaus bietet schon seit 2012 unter dem Begriff „Mindful Leadership" eine Achtsamkeits-Sensibilisierung für Führungskräfte an. Achtsame Führung schöpft aus emotionaler und sozialer Intelligenz der Führungskräfte.

Für SAP ist es ein wirkungsvolles und lohnendes Investment in der Führungs-kräfte-Entwicklung. Die Zahlen sind vielversprechend. Nach konservativen Berech-nungen liegt der Return of Investment des Mindful Leadership-Programms bei 200 Prozent.[55] Positive Ergebnisse sind vor allem gesteigertes Engagement der Mit-arbeiter, mehr Vertrauen gegenüber Führungskräften und sinkende Fehlzeiten.

Richard Sheridan, Kult-Autor von *Joy Inc. How we built a workplace people love* und CEO von Menlo Innovations, ein amerikanisches Software-Unternehmen, das zahl-reiche „Best Company"-Auszeichnungen erhalten hat, teilt in seinem Buch seine hands-on Erfahrungen, wie der positive Wandel der Arbeitskultur gelingt. An obers-ter Stelle steht das Thema Führung. Sheridans Vorstellung einer Führungskraft ent-spricht einem sogenannten *Chief Joy Officer*[56] – gleichzeitig auch Titel seines aktuel-len Buches –, der mit menschzentrierten Werten ein energievolles Umfeld zum nachhaltigen Erfolg der Firma schafft.

Doch was macht die Arbeitskultur von Menlo Innovations nun so besonders? Besucher berichten, dass sie, sobald sie Menlo Innovations betreten, die Atmosphäre voller Energie, Begeisterung und sogar Freude spüren. Ein Paketauslieferer bemerkte einmal: „Ich weiß nicht, was sie tun, aber was auch immer es ist, ich möchte hier arbeiten."[57] Wer jetzt neugierig geworden ist, schaut einfach mal bei der virtuellen Office Tour vorbei.[58] Für die deutsche Firma Sipgate war Sheridan's Joy Inc. die Inspirationsquelle für ein eigenes Buch, das *24 Work Hacks*.[59] Auf schlanken 60 Sei-ten, vielen Bildern und wenig Text werden die Erfahrungen auf dem Weg zu einem agilen Unternehmen geteilt. Die große Leistung des Buchs, es macht richtig Lust gleich loszulegen.

---

[55] Bostelmann, P.: Future Day 2017 – Zukunftsinstitut – www.youtube.com/watch?v=fkTmWA72wmE

[56] Sheridan, R.: Chief Joy Officer: How Great Leaders Elevate Human Energy and Eliminate Fear. Portfolio 2018.

[57] Sheridan, R.: Joy Inc.: How we built a workplace people love, Portfolio 2013.

[58] www.menloinnovations.com/tours-and-workshops/factory-tours

[59] Mois, T./Baldauf, C.: 24 Work Hacks. sipgate GmbH 2016.

Ein gutes Tandem: Agiles Arbeiten und achtsame Führung

Agiles Arbeiten ist ein Erfolgsmodell, dessen Erfolg darin liegt, in einer komplexen Welt schnell nutzbare und qualitativ hochwertige Ergebnisse zu liefern. Das Konzept des agilen Arbeitens unterscheidet sich fundamental von gängigen Führungssystemen und Prozesstheorien. Nicht die Prozesse und Tools sind maßgeblich, sondern der Mensch und seine Interaktionen zur Führungskraft, zum Team, zum Kunden und zu Kollegen. Erst dann folgen Prozesse und Werkzeuge.

Dieser Ansatz führt zu einer kulturellen Veränderung, die durch technologische Entwicklungen losgetreten wurde. Unternehmen, die erfolgreich agile Arbeitsweisen etabliert haben, haben meist parallel einen achtsamen Führungsstil- und Wertewandel vollzogen.

⟶ FÜHRUNG VERÄNDERT SICH, WENN DER MENSCH WICHTIGER ALS PROZESSE IST.

Immer mehr Firmen setzen auf Agilität, um in einem komplexen Technologie- und Marktumfeld zu bestehen. Sie wollen von der Energie und Dynamik der neuen Arbeitskultur profitieren.

Was, wenn das richtige Mindset fehlt?

Agilität kann man nicht kaufen. Um ein Unternehmen agil zu machen, müssen sich vor allem das vorherrschende Mindset und die Führungskultur im Unternehmen verändern.

Neue Denkweisen für Führung und Mitarbeiter, die einem digitalen Mindset entsprechen, so die VOPA-Prinzipien[60] **V**ernetzung, **O**ffenheit, **P**artizipation und **A**gilität, sind eine wichtige Voraussetzung für agiles Arbeiten. Entwickelt wurde das Digital Mindset von Dr. Willms Buhse, digitaler Transformations-Experte, der Pionier-Unternehmen der digitalen Transformation wie die Otto Group begleitet.

Die neuen Denkweisen und VOPA-Prinzipien müssen gelebt werden. Führungskräfte sind gefordert, Freiraum für Mitgestaltung, offene Kommunikation und vernetzte Zusammenarbeit zu ermöglichen. Nur so können Verantwortungsübernahme und echte Mannschafts- und Teamleistungen in agiler Arbeitsweise entstehen.

---

[60] Buhse, W.: Management by Internet: Neue Führungsmodelle für Unternehmen in Zeiten der digitalen Transformation. Börsenmedien 2014.

Wie entsteht Nährboden für agile Denkweisen?

Für den Erfolg von agilen Arbeitsweisen braucht es einen Nährboden, der ein digitales Mindset und achtsames Führungsverständnis fest in der Kultur verankert. Über das Feelgood Management-System, dem die VOPA-Prinzipien zugrunde liegen, ist es möglich, einen solchen Nährboden für ein neues Mindset im Unternehmen zu kultivieren.

⇢ **FEELGOOD MANAGEMENT KULTIVIERT EIN DIGITALES MINDSET IN ORGANISATIONEN.**

In Kapitel 5 erfahren Sie, welche agilen Prinzipien und Denkweisen über das System des Feelgood Managements in den betrieblichen Alltag einfließen.

Mein Appell an Führungskräfte von heute und morgen:

Investieren Sie in die Achtsamkeit Ihres Führungsstils! Achtsamkeit macht Sie menschlicher, Ihre Führungsarbeit wirkungsvoller und Ihr Unternehmen erfolgreicher. Holen Sie sich Unterstützer und nehmen Sie Hilfe an! Meine Empfehlung: Holen Sie Feelgood Manager in Ihren Unterstützerkreis.

FEELGOOD:
EIN MENSCHLICHES GRUNDBEDÜRFNIS?

In der Arbeitswelt der Wissensarbeiter erfährt der Mensch mit seinen menschlichen Fähigkeiten eine nie da gewesene Aufmerksamkeit. Gerade in volatilen Zeiten und bei komplexen Fragestellungen greifen bewährte Entscheidungsmuster nicht mehr. Mehr denn je werden menschliche Fähigkeiten von Intuition, Empathie und emotionaler Intelligenz gebraucht, um in zunehmend komplexen Zusammenhängen zu schnellen und tragfähigen Entscheidungen zu kommen.

Auf der anderen Seite gibt es jedoch immer noch Firmen, die ihre Angestellten wie x-beliebige Ressourcen und nicht wie Menschen aus Fleisch und Blut, mit Hirn, Herz und Gefühlen behandeln. Wenn Wissen das neue Kapital in der Wissensgesellschaft ist und nunmehr die menschlichen Fähigkeiten Intuition, emotionale Intelligenz verstärkt in den Fokus rücken, spricht schon allein unternehmerisches Kalkül zwingend dafür, den menschlichen Kernbedürfnissen verstärkte Aufmerksamkeit zu widmen.

···⟩ **MENSCHLICHKEIT IST ZUTIEFST HUMAN UND IST IN DER MODERNEN ARBEITSWELT DER MOTOR FÜR BESTE LEISTUNGEN.**

Menschliche Kernbedürfnisse: Basis für Leistungsfähigkeit

Feelgood ist der Oberbegriff der vier menschlichen Kernbedürfnisse[61], die für eine hervorragende Leistung sorgen, unterteilt in körperliches, emotionales und mentales Wohlbefinden und Sinnhaftigkeit des eigenen Tuns. Zugleich steht Feelgood für das Ergebnis, wenn die menschlichen Grundbedürfnisse erfüllt sind.

···⟩ **FEELGOOD STEHT FÜR DIE ERFÜLLUNG MENSCHLICHER GRUND- BEDÜRFNISSE UND SORGT DURCH AUFGETANKTE UND INSPIRIERTE MITARBEITER FÜR HERVORRAGENDE LEISTUNGEN.**

Welche Anforderungen stellt die Erfüllung von menschlichen Grundbedürfnissen an Organisationen? Welche Themen müssen konkret je Grundbedürfnis angegangen werden?

Körperliches Feelgood

Die „Energie-Batterien" müssen während der Arbeitszeit aufgeladen werden können. Der Körper muss sich ausreichend regenerieren können, zum Beispiel durch Ernährung, Bewegung und einen Biorhythmus, der im Gleichklang ist.

Emotionales Feelgood

Das Bedürfnis nach emotionalem Wohlbefinden muss erfüllt sein. Im Arbeitskontext bedeutet das, bei der Arbeit gesehen, gehört und wertgeschätzt zu werden. Jeder Mensch braucht das Gefühl der Wertschätzung und Freude, auch am Arbeitsplatz.

Mentales Feelgood

Das mentale Wohlbefinden ist erfüllt, wenn ausreichend Raum und Zeit zur Verfügung stehen, um kreativ zu denken und konzentriert zu arbeiten. Vertrauen und ein gewisses Maß an Freiraum sind wichtig, um selbst entscheiden zu können, welche

---

[61] Schwartz, T.: The Way We're Working Isn't working: The four forgotten needs that energize great performance. Free Press 2011.

Aufgabe zu welchem Zeitpunkt wie erledigt wird. Ferner unterstützt eine „psychologisch sichere" Umgebung mentales Feelgood, zum Beispiel durch Fehlertoleranz. Erfahrungen von Google deuten darauf hin, dass hier der Schlüssel zu guter Teamarbeit liegt (vgl. Praxis-Beispiel Google).

Sinnhaftes Feelgood

Dahinter steht das Bedürfnis, die Sinnhaftigkeit des eigenen Tuns zu erfahren und Teil einer wertschätzenden Gemeinschaft zu sein.

Wer menschliche Kernbedürfnisse ignoriert, verliert!

Das Ignorieren menschlicher Grundbedürfnisse ist mangelnde Wertschätzung gegenüber dem Mensch Mitarbeiter. Damit riskieren Unternehmen und Führungskräfte den Verlust wertvoller Teammitglieder durch Kündigung, „Dienst nach Vorschrift"-Haltung oder das Ansteigen von krankheitsbedingten Fehlzeiten und nicht zuletzt einen Image-Verlust als attraktiver Arbeitgeber.

Was ist zu tun? Unternehmen sind gut beraten in Feelgood zu investieren, um die menschlichen Grundbedürfnisse ihrer Angestellten zu erfüllen. Nur so sind die Mitarbeiter in der Lage, jeden Tag energievoll und motiviert ihr Potenzial einzubringen und auszuschöpfen.

Die gute Nachricht: Feelgood als Teil einer menschorientierten Unternehmenskultur ist mit dem Feelgood Management-Ansatz konkret gestalt- und umsetzbar. Packen wir es an!

Doch vorher werfen wir noch einen tieferen Blick auf „Human Element"-Themen, die in der faktengetriebenen Wirtschaftswelt bislang nur eine geringe Aufmerksamkeit erfahren haben. Warum das in Zukunft nicht mehr so sein wird, erfahren Sie im folgenden Abschnitt.

Happiness is a feeling, not a destination.

EMOTIONEN UND GEFÜHLE: DIE SCHLÜSSEL-RESSOURCEN DES 21. JAHRHUNDERTS

Das Industriezeitalter, das geprägt ist von Nüchternheit und Rationalität, neigt sich dem Ende. Stattdessen erfahren Emotionen eine wahre Renaissance als Schlüsselressource des 21. Jahrhunderts. Emotionen und Gefühle sind Ausdruck eines neuen Selbstverständnisses, wonach der Mensch nur dann vollständig handelt, indem er mit Kopf und Bauch, Herz und Verstand agiert. Entscheidungen werden emotional und rational gefällt. Es gibt keine Trennung. Der Einfluss des Bauchgefühls, das sich in einem guten Gefühl oder einem weniger guten Gefühl zeigt, wurde bislang im Job stark unterschätzt und gewinnt nun zunehmend an Bedeutung.

Wissenschaftlich hat Prof. Dr. Gigerenzer, Direktor am Max-Planck-Institut für Bildungsforschung, die Frage untersucht, welche Rolle die Bauchentscheidung im Unternehmensalltag spielt: „Nach unseren Untersuchungen werden in internationalen, börsennotierten Unternehmen gut 50 Prozent aller wichtigen professionellen Entscheidungen am Ende intuitiv getroffen." Denn „anders, als uns die Big-Data-Philosophie glauben machen will, genügen die Zahlen nicht, um zu einer Entscheidung zu kommen. Es geht nicht ohne Erfahrung, persönliches Gespür. Das ist die Intuition", so Gigerenzer weiter. Folglich kommt einer ureigenen menschlichen Fähigkeit, der Intuition, eine Schlüsselrolle bei Entscheidungen zu, die es an Schnelligkeit mit jeder Künstlichen Intelligenz (KI) aufnehmen kann.

Bereits nach etwa 300 Millisekunden entscheidet das menschliche Emotionssystem, nach annähernd 550 Millisekunden initiiert es eine bewusste vorläufige Entscheidung. [62]

!! Erkenntnis der Intelligenzforschung

Menschliche emotionale Fähigkeiten, wie die Intuition, stellen bis in weite Zukunft einen unerreichbar hohen Maßstab für Künstliche Intelligenz dar.

---

[33] Traindl, A./Roland, J.: Neuromagnetic Studie 2000, 2004, LIM Studie, 2001.

Positive Emotionen als Ansporn für Veränderung

Die Neurowissenschaften, insbesondere mit ihrem Vorreiter Gerald Hüther[63], haben zu einem nie gekannten Verständnis über Entstehung und Nutzen von Emotionen beigetragen. Der Zusammenhang zwischen Fühlen und Leistung stellt sich folgendermaßen dar: Erfahrungen gehen buchstäblich unter die Haut, mit anderen Worten: der Mensch fühlt. Das emotionale Netzwerk im Hirn verknüpft sich mit dem kognitiven Netzwerk zu einer festen Struktur. Das gelingt nur durch neue Erfahrungen, mit denen die alten, eingefahrenen Netze im Gehirn überschrieben werden.

Mit den besseren Erfahrungen können die weniger guten Erfahrungen gelöscht werden. Am besten gelingt das, wenn der Mensch begeisternde Erfahrungen macht. Die reißen ihn dann im wahrsten Sinne des Wortes mit und generieren neue positive Denkmuster, das sogenannte Mindset.

!! Erkenntnis der Neurowissenschaft

Wie ich fühle, so arbeite ich. Positive emotionale Erfahrungen machen unser Hirn leistungsfähiger und unser Mindset positiver.

Grundbedürfnis-Check:
✓ *Emotionales Feelgood*

Positive Emotionen und Gefühle – der Erfolg von High performing-Teams

Gerade dort, wo gemeinsam gearbeitet wird, ist das Gebot der Stunde, Menschen nicht nur inhaltlich, sondern auch emotional „mit ins Boot" zu holen. Neue Forschungsarbeiten auf dem Gebiet der positiven Psychologie der US-amerikanischen Psychologin und Präsidentin des internationalen Verbands der positiven Psychologie, Barbara Fredrickson[64] zeigen, dass positive Emotionen und ihre bewusste Wahrnehmung zu hoher Qualität persönlicher Beziehungen und stärkeren Team-Leistungen führen.

---

[63] Hüther, G.: Etwas mehr Hirn, bitte. Vandenhoeck & Ruprecht 2015.
[64] Fredrickson, B.: Die Macht der guten Gefühle: Wie eine positive Haltung Ihr Leben dauerhaft verändert, Campus 2011.

Menschen und Teams, die im Durchschnitt wenigstens dreimal so viele gute Momente, zum Beispiel durch Feedback oder Lob erleben wie negative, erreichen eine begeisternde Lebenskraft und Leistungsfreude („Flow").

Das überraschende Ergebnis der Forschung ist, dass High Performing-Teams eine Quote der positiven Botschaften zu negativen von mindestens 3:1 aufweisen. Das Besondere dabei ist, dass es sich dabei nicht um eine lineare Beziehung handelt (etwas mehr positive Gefühle = etwas mehr Lebensfreude), sondern dass es einen sogenannten Tipping-Point gibt (mathematisch genau bei 2:91), dessen Überschreiten das System in die Begeisterung kippen lässt. Das bedeutet, dass über ein wertschätzendes Arbeitsumfeld zielgenau die idealen Rahmenbedingungen für hervorragende Leistungen von Teams geschaffen werden können.

!! Erkenntnis der positiven Psychologie

Positive Botschaften und erlebte gute Momente stärken die Leistungsfreude und High Performing-Teams.

Grundbedürfnis-Check:

✓ *Emotionales Feelgood*
✓ *Mentales Feelgood*

Veränderung beginnt mit „feel good"

Die gute Botschaft: Wir haben es selbst in der Hand, wie wir unser jetziges und weiteres Berufs- und auch Privatleben gut gestalten. Positive Emotionen, Feelgood-Gefühle und achtsame Momente sind der Schlüssel dazu. Veränderung beginnt mit „feel good", nicht mit einem Gedanken.

!! Erkenntnis der positiven Psychologie

Wo ich mich wohl fühle, engagiere ich mich.

Grundbedürfnis-Check:

✓ *Körperliches Feelgood*
✓ *Emotionales Feelgood*
✓ *Mentales Feelgood*

Positives Mindset kultivieren

Freude, positive Erfahrungen und Erfolgserlebnisse motivieren nachhaltiger und intensiver, als purer Wille, angestrengtes Durchhalten und reines Pflichtbewusstsein es je könnten. Erfolg ist also eine Frage des richtigen Mindsets, der eigenen Haltung. Wer sich auf die Feelgood-Kulturreise begibt, übt sich im positiven Denken. Sinnbildlich steht dafür die Einstellung „Das Glas ist halb voll".

Dass das nicht nur im Privatleben, sondern auch im Büro gelingen kann, belegt der Feelgood-Ansatz. Das Feelgood Management-Konzept ermöglicht Mitarbeitern die Mitgestaltung des eigenen Wohlfühl-Arbeitsumfelds – und kultiviert darüber ein positives Mindset. Für freiwillige Mitstreiter eine großartige Chance für selbstbestimmtes und eigenverantwortliches Arbeiten.

···> FEELGOOD MANAGEMENT GESTALTET RAHMENBEDINGUNGEN FÜR
WERTSCHÄTZENDE ARBEITSUMFELDER UND HIGH PERFORMING-TEAMS.

DER SOZIALE KIT: ZWISCHENMENSCHLICHE BEZIEHUNGEN

Der Begriff „Human Relations"[65], unter dem der soziale Mensch in der Arbeitswelt verstanden wird, wurde von Elton Mayo geprägt, der ihn schon in den 1940er-Jahren im Rahmen der Organisationssoziologie untersucht hat. Mayo hebt in seinen Studien die Bedeutung des Faktors Mensch und den Erfolgsfaktor zwischenmenschliche Beziehungen hervor. Die entscheidenden Human Relations-Faktoren[66], die die Arbeitsleistung positiv beeinflussen, sind:

- Betriebsklima
- Gemeinschafts-/Gruppenzugehörigkeit
- Arbeitszufriedenheit
- Wechselverhältnis zwischen formellen und informellen (zwischenmenschlichen) Strukturen

---

[65] Mayo, E.: Hawthorne und die Western Electric Company. In: ders., Probleme industrieller Arbeitsbedingungen. Verlag der Frankfurter Hefte 1945, S. 108–113.
[66] vgl. www.fb03.uni-frankfurt.de/48584685/Human-Relations.pdf

Es ist schon sehr überraschend, dass Mayo's Human Relations-Ansatz nach mehr als einem halben Jahrhundert nichts an Aktualität verloren hat.

!! Erkenntnis der Organisationssoziologie

Wertvoll erlebte zwischenmenschliche Beziehungen stellen den sozialen Kit im Unternehmen dar. Sie sind für alle Menschen ein Gewinn an Arbeitsfreude, sorgen für ein gutes Betriebsklima und ein starkes Gemeinschaftsgefühl.

Grundbedürfnis-Check:
- ✓ *Körperliches Feelgood*
- ✓ *Emotionales Feelgood*
- ✓ *Mentales Feelgood*
- ✓ *Sinnhaftes Feelgood*

Die Bedeutung des sozialen Kits, der zwischenmenschlichen Beziehungen, in Organisationen für den Unternehmenserfolg wird bis heute völlig unterschätzt. Einen neuen Aspekt stellen informelle Begegnungen und Formate dar, die soziale Beziehungen fördern, wie beispielsweise informelle Vernetzung der Kollegschaft durch Lunch-Roulettes.

Festzuhalten ist, dass noch viel mehr getan werden muss, um das Potenzial des sozialen Kits in Bezug auf Arbeitsfreude und Wir-Gefühl auszuschöpfen – einhergehend mit der Sensibilisierung der Führungsebene, dass die dafür bereitgestellte Arbeitszeit eine Investition zur Sicherung und Steigerung des mentalen Kapitals durch Erhöhung des Vernetzungsgrads der Organisation darstellt.

--→ FEELGOOD MANAGEMENT STÄRKT DEN SOZIALEN KIT UND ERHÖHT DEN VERNETZUNGSGRAD DER ORGANISATION.

Grundbedürfnis-Check:
- ✓ *Körperliches Feelgood*
- ✓ *Emotionales Feelgood*
- ✓ *Mentales Feelgood*
- ✓ *Sinnhaftes Feelgood*

Jede Zusammenarbeit ist schwierig, solange den Menschen das Glück ihrer Mitmenschen gleichgültig ist.

DALAI LAMA

GESUNDHEIT: MENSCHLICHE WÄRME HÄLT GESUND

In den vorangegangenen Abschnitten haben wir uns ausführlich damit beschäftigt, warum Menschlichkeit ein wichtiger Wert für Unternehmen ist. Die Herleitung wurde anhand cross-funktionaler Perspektiven verschiedener Disziplinen vorgenommen, um einen ganzheitlichen Blick zu gewinnen. Dazu zählen Neurowissenschaft, Psychologie und Organisationssoziologie, New Work und agiles Arbeiten. Dabei unberücksichtigt blieb bisher das Thema Gesundheit.

Zu den menschlichen Kernbedürfnissen nach Mayo zählt das Zugehörigkeitsbedürfnis zu einer Gemeinschaft. Im Privaten sind das die Familie und Freunde, im Beruflichen sind es die Kollegen, das Team, die Firma.

Fehlt in unserem Job der soziale Kit, also gute zwischenmenschliche Beziehungen, und sind wir von einem sozial kalten, leistungsgetriebenen Umfeld umgeben, in dem jeder als Einzelkämpfer fungiert, dann entsteht Einsamkeit, die wiederum krank machen kann. Neueste Erkenntnisse zeigen, dass nicht nur Erschöpfung durch Stress und hohe Arbeitslast zum Burnout führt, sondern auch emotionale Einsamkeit. Umgekehrt kann das Gefühl von emotionaler Geborgenheit, Teil einer Gemeinschaft zu sein und menschliche Wärme zu erleben, unsere Gesundheit positiv beeinflussen, unser Immunsystem stärken und Depressionen verringern.

Emotionale Einsamkeit ist eine schmerzhafte Erfahrung. Unser Gehirn nimmt sie sogar auf die gleiche Art wie physische Schmerzen wahr.[67] Betroffene entwickeln eine Art Gleichgültigkeit, die ihre persönliche Leistungskurve negativ beeinflusst. Deutlich in diese Richtung weisen Studienergebnisse zur Mitarbeiterzufriedenheit,[68] wonach etwa 85 Prozent der befragten Mitarbeiter sich nur noch gering emotional mit dem Unternehmen verbunden fühlen und jeder Siebte bereits innerlich gekündigt hat. Das lässt nur einen Schluss zu: In vielen Unternehmen grassiert die Krankheit der emotionalen Einsamkeit und als Folge Gleichgültigkeit.

Das Erschreckende daran ist, dass in Firmen häufig gar kein Bewusstsein über die Gefahr menschlicher Einsamkeit als Auslöser von Burnout existiert. Selbst Präventionsangebote zu Burnout konzentrieren sich vorwiegend auf die Behandlung

---

[67] vgl. www.ncbi.nlm.nih.gov/pubmed/14551436
[68] Gallup Deutschland, Engagement Index, 2018.

physischer Erschöpfung. In Anti-Stress-Seminaren oder Meditationskursen sollen Betroffene wieder zu ihrem inneren Gleichgewicht finden. In erster Linie gut gemeint, jedoch vielerorts entsprechen die Maßnahmen nicht den Bedürfnissen der Betroffenen.

!! Erkenntnis der Burnout-Forschung

Burnout ist nicht nur eine Folge von Stress, sondern auch von emotionaler Einsamkeit. Gleichgültigkeit als Folge von emotionaler Vereinsamung ist die Krankheit. Jeder siebte Mitarbeiter ist davon betroffen.

Es verwundert nicht, dass aufwendige Vorsorgemaßnahmen größtenteils wirkungslos verpuffen. Über die Gefahr der emotionalen Vereinsamung am Arbeitsplatz und ihren Folgen herrscht noch große Unwissenheit in Betrieben.

Fazit: Akuter Handlungsbedarf!

Grundbedürfnis-Check:
✓ *Emotionales Feelgood*

Soziale Gemeinschaften reduzieren das Burnout-Risiko

Der Schlüssel zur Lösung liegt in guten sozialen Beziehungen und Gemeinschaften innerhalb wie auch außerhalb der Jobwelt. Mit anderen Worten: Der soziale Kit, der irgendwann verloren gegangen ist, muss wieder aufgebaut werden. Es sind die wertvollen zwischenmenschlichen Beziehungen, die Menschen zum Teil einer stabilen Gemeinschaft werden lassen. Die Besinnung auf das WIR hilft, der schleichenden Vereinsamung der Menschen in der Organisation entgegenzuwirken. Dabei unterstützen alle Formen von gemeinschaftsfördernden Beziehungs- und Gesundheitsmaßnahmen, wie gemeinsames Singen in der Mittagspause oder Pausen-Workout[69] im Kollegenkreis.

---

[69] Wittneben, L./Wulff, K./Morcinek, S.: Pausenkicks. Das ultimative Job-Workout für Körper, Kopf und Stimme. Campus 2018.

BEISPIEL:

Ein gutes Beispiel dafür ist der regelmäßig stattfindende Culture Club[70] der Otto Gruppe, mit dem Ziel, abteilungsübergreifend die zwischenmenschliche Begegnung und Vernetzung bei leckerem Essen und kreativen Spaß-Programmen zu fördern.

···⟩ ANGEBOTE UND FREIRÄUME FÜR DIE GEMEINSCHAFTS- UND SOZIALE BEZIEHUNGSPFLEGE UNTER DEN MITARBEITENDEN DIENEN DER GESUNDHEITSPRÄVENTION, DEM GEMEINSCHAFTS- UND WIR-GEFÜHL UND DER STÄRKUNG DES SOZIALEN KITS.

Grundbedürfnis-Check:
✓ *Körperliches Feelgood*
✓ *Emotionales Feelgood*
✓ *Sinnhaftes Feelgood*

Streichen Sie die Begriffe Arbeitszeit und Freizeit aus Ihrem Wortschatz, ersetzen Sie diese durch Lebenszeit und fragen Sie sich: Macht das Sinn, was ich mache?

GÖTZ WERNER, GRÜNDER UND AUFSICHTSRAT DM-DROGERIEMARKT

DIE FRAGE NACH DEM SINN

Menschsein in Zeiten der Digitalisierung bedeutet, neu entstehende Freiräume im Job zu nutzen und aktiv zu gestalten – die wunderbare Rückeroberung der Arbeitswelt durch den Menschen. Stellen wir uns vor, wir betreten unseren Arbeitsplatz, den wir gemeinsam im Team gestaltet haben. Wie fühlen sich die Räume an? Wie fühlt sich die Zusammenarbeit mit den Kollegen an, wie die Kommunikation, wie das Zwischenmenschliche? Wenn die Antwort „großartig" oder auf neudeutsch „awesome" ist, sind Sie angekommen in der neuen Arbeitswelt.

Dahinter verbirgt sich keine Utopie, sondern es passiert bereits heute in Firmen. Fundamentale Veränderungen unserer Arbeitswelt, ausgelöst durch technischen

---

[70] Otto Culture Club, Jahresrückblick 2018 – vgl. www.youtube.com/watch?v=tZf709YdeN0

Wandel, bieten Mitarbeitern enorme Freiräume und Chancen, die jedoch noch viel zu wenig genutzt werden.

Und was entgegnen wir denjenigen, die sagen, dass viele Menschen diese Freiräume und Selbstverantwortung gar nicht haben wollen? Frédéric Laloux, Bestseller-Autor von *Reinventing Organizations* erwidert darauf, „dass das ein trauriges Menschenbild ist! Und dass dieser Kommentar nur von jemandem gemacht werden kann, der nicht wirklich mit Leuten in Organisationen gesprochen hat, die den Sprung gemacht haben."[71]

Auch der Film *Die stille Revolution*[72] nimmt uns auf eine wunderbar anschauliche Weise mit auf die Reise zur Unternehmenskultur für die neue Arbeitswelt. Wir lernen, dass nicht nur Firmen sich hin zu mehr Menschlichkeit wandeln, sondern auch die Menschen.

Der Filmemacher Kristian Gründling sagt, um „zu bestimmen was ‚Menschlich sein' bedeutet, ist man persönlich gefragt". Das ist auch der Grund, warum viele Menschen von diesem Film so berührt sind. Die Frage nach dem Sinn des Lebens – „Wofür bin ich eigentlich da?" – bewegt und macht nachdenklich. Der ganze Mensch mit seinen Sehnsüchten, Fähigkeiten, Leidenschaften und Wünschen ist hier gefragt. Antworten darauf lassen sich nicht so eben mal finden. Oft brauchen wir bei Sinnfragen die Hilfe von anderen um den richtigen Weg für uns zu finden.

Mein Appell an Mitarbeitende:
Macht euch auf den Weg und stellt euch der Frage nach dem Sinn des Lebens.
Holt euch Unterstützer! Sucht nach Vorbildern! Findet euren Lebenssinn!

Ein ethischer Blick auf die Arbeit

Es gibt einen weiteren Grund, unseren Blick auf die Arbeit zu hinterfragen. Unsere Haltung zur Arbeit bestimmt in hohem Maß darüber, wie wir uns fühlen. Stehen wir Arbeit eher positiv oder sogar negativ gegenüber? Welche Haltung drückt es am ehesten aus: „Irgendwie muss man ja seine Brötchen verdienen." oder: „Ich freue mich auf meine Kollegen und der Job ist auch ok."?

Der Benediktinerpater Anselm Grün[73] versteht unsere ethische Haltung zu Arbeit als eine wohlwollende, positive und mit „gutem Willen" auf Arbeit blickende Haltung.

---

[71] www.xing.com/news/articles/menschen-wollen-freiheit-bei-der-arbeit-gebt-ihnen-den-spielraum-frederic-laloux-im-interview-1926353?xing_share=news
[72] vgl. www.die-stille-revolution.de
[73] Grün, A./Janssen, B.: Stark in stürmischen Zeiten. Ariston 2017.

Was Arbeit für jeden Einzelnen bedeutet, kann sehr unterschiedlich sein. Die bewusste Auseinandersetzung, was der Job für einen selber bedeutet und welchen Stellenwert er einnimmt, schafft Klarheit und hilft, ehrlich Position zu beziehen und damit besser die eigenen Gefühle zu verstehen und gelassener zur Arbeit zu kommen.

Call for action

Die Chancen, menschenverträglich und sinnstiftend zu arbeiten, sind heute besser denn je zuvor. Jeder Einzelne ist nun gefordert, für sich selbst zu klären, was ihm im Leben wichtig ist und was für ihn zählt. Die Antworten liegen in uns selbst. Mit der Beantwortung der Lebensfrage verlassen wir die eigene Komfortzone freudig. Der Aufbruch zu einem selbstbestimmten und erfüllten (Arbeits-)Leben kann beginnen. Andernfalls ergreifen andere die Initiative und gestalten ihre Vision, die nicht die eigene ist.

Feelgood Management ist eine Einladung an alle Mitarbeitende, die mitgestalten und etwas verbessern wollen. An die Motivierten, an die, die mutig sind (oder mutiger sein wollen), die, die etwas verändern wollen, die, die ihre Arbeitszeit als ihre Lebenszeit begreifen und keine faulen Kompromisse (mehr) eingehen wollen.

⇢ **MENSCHSEIN IN ZEITEN DER DIGITALISIERUNG BEDEUTET, DIE CHANCEN FÜR SINNHAFTES ARBEITEN IM JOB ZU NUTZEN UND AKTIV MITZUGESTALTEN.**

Grundbedürfnis-Check:
- ✓ *Körperliches Feelgood*
- ✓ *Emotionales Feelgood*
- ✓ *Mentales Feelgood*
- ✓ *Sinnhaftes Feelgood*

People want to know they matter and they want to be treated as people.
That's the new talent contract.
PAMELA STROKO, TALENT MANAGEMENT EXPERT & EVANGELIST,
ORACLE CORPORATION

ZUKUNFTSFAKTOR MENSCHLICHKEIT

Auf den nächsten Seiten lesen Sie, wie der Wert Menschlichkeit über die Zukunft von Unternehmen entscheiden kann.

Menschlichkeit = Anziehungskraft

Das klassische Konzept der Mitarbeiterbindung bietet nicht mehr die passenden Anreize für Talente und Mitarbeiter, die mehr als Benefits und Goodies suchen. Diese Anreize greifen zu kurz, wenn Mitarbeitern Wertschätzung, Freiräume und sinnstiftendes Arbeiten wichtig sind.

Die logische Konsequenz ist die evolutionäre Weiterentwicklung von „Mitarbeiterbindung" zu „Mitarbeiteranziehung". Das mag für viele Unternehmen Neuland sein, doch auf Dauer werden Firmen im Wettbewerb um Fachkräfte nur bestehen können, wenn sie eine starke Anziehungskraft auf eigene und zukünftige Mitarbeiter ausstrahlen. Hier kommt Feelgood Management als Umsetzungshebel für ein mitarbeiterzentriertes und wertschätzendes Arbeitsumfeld zum Einsatz.

Wenn Unternehmen eine starke Anziehungskraft auf ihre Mitarbeiter ausstrahlen, impliziert das ein starkes Gefühl der emotionalen Zugehörigkeit. Damit einher gehen positive Effekte wie Engagement, Loyalität und emotionale Verbundenheit der Mitarbeiter. Insbesondere im Recruiting ist eine hohe Anziehungskraft, wie sie Firmen wie Google besitzen, unschätzbar wertvoll.

Feelgood Management hat an der positiven Außenwirkung als Arbeitgeber einen nicht unerheblichen Anteil. Überzeugend wirkt auf Bewerber, dass die Firma im konkreten TUN und UMSETZEN statt im Bemühen von schönen Worten stark ist. Das Feelgood- und Wertschätzungsmanagement steht dafür exemplarisch.

BEISPIEL:

Ein Beispiel für ein menschorientiertes Arbeitszeitmodell ist die 4-Tage-Woche bei gleichem Gehalt, das Unternehmen wie die Kölner Branding- und Digitalagentur young and hyperactive und der Naturkosmetik-Hersteller Unterweger mit 50 Mitarbeitern praktizieren. Ihre Mitarbeiter haben freitags frei. Mitarbeiter haben mehr Zeit für Familie und eigene Projekte, was zu mehr Freude bei der Arbeit, mehr Kreativität und mehr Know-how führt. Die 4-Tage-Woche bei gleichem Gehalt sorgt zudem für höhere Produktivität, so die Erfahrungen des Naturkosmetik-Herstellers.[74]

---

[74] www.utopia.de/arbeit-arbeitszeit-vier-tage-woche-91866/

Mit der 4-Tage-Woche gewinnen die Unternehmen enorm an Anziehungskraft, die nach innen und außen wirkt. Davon profitieren neben der Arbeitgeberattraktivität das Employer Branding, die Wertschätzung und die Verbundenheit der Mitarbeitenden mit dem Arbeitgeber enorm.

Der Wunsch des Bewerbers „Da will ich dabei sein" drückt den Grad der Attraktivität und die Intensität der Anziehungskraft des Unternehmens aus. Eine optimale Situation ist gegeben, wenn der Ruf des Unternehmens klugen Köpfen schon bekannt ist und sie es sich deshalb aussuchen.

Wenn Firmen heute über Fachkräftemangel klagen, müssten sie sich auch selbstkritisch fragen, ob sie alles richtig gemacht haben.
FABIAN KIENBAUM, EMPOWERMENT OFFICER

Feelgood-Konzepte, die Mitarbeiter und zukünftige Talente gleichermaßen im Blick haben, bauen die Anziehungskraft von Unternehmen enorm aus und wirken als Anker und Magnet für Mitarbeiter und Jobsuchende zugleich.

⇢ **WENN DIE KULTUR UND WERTE STIMMEN, BEKOMMEN FIRMEN DIE LEUTE, DIE SIE BRAUCHEN, UM ERFOLGREICH ZU SEIN.**

Grundbedürfnis-Check:
✓ *Sinnhaftes Feelgood*
✓ *Emotionales Feelgood*
✓ *Mentales Feelgood*
✓ *Physisches Feelgood*

Erfolg ist die Bewegung des Potenzials in die richtige Richtung.
ANDREAS TENZER, DEUTSCHER PHILOSOPH UND PÄDAGOGE

Menschlichkeit = Potenzialentwicklung

Die emotionale Verbundenheit der Mitarbeiter mit dem Unternehmen ist ein zentraler Erfolgsfaktor für die Zukunftsrobustheit von Organisationen, wie wir wissen. Mitarbeiter, die sich durch ihr Unternehmen nicht nur finanziell abgesichert, sondern auch emotional mit ihm verbunden fühlen, sind echte Herzensmitarbeiter.

Sie wirken nicht selten als Herzensbotschafter ihres Arbeitgebers. Das bekommen Kunden, Kollegen, Familie und das eigene Freundesnetzwerk oft hautnah positiv zu spüren. Und noch ein weiterer Aspekt, der für die Zukunftsfähigkeit von Firmen häufig unterschätzt wird:

Die Knappheit der Talente und damit der fehlende Zugang zu Potenzial zeigen sich nicht mehr nur im Recruiting, sondern werden zunehmend innerhalb der Belegschaft spürbar und erreichen eine neue Dimension.

In heutiger Zeit kann es sich kein Unternehmen leisten, den Zugang zu den Leistungspotenzialen seiner Mannschaft als blinden Fleck zu behandeln und brachliegen zu lassen. Denn in den Köpfen und Herzen der Mitarbeiter schlummern oft noch viele ungenutzte Eigenschaften und Talente, die geborgen werden wollen. Die bislang nicht zugängliche Vielfalt und Fülle an Ideen, Kreativität und Fähigkeiten wird dringend zur Steigerung der Wettbewerbs- und Innovationsfähigkeit der Unternehmen benötigt. Doch worüber kann der Zugang zum Potenzial der Mitarbeiter erreicht werden?

In den vorangegangenen Kapiteln haben wir gelernt, dass der Zustand des emotionalen Wohlbefindens über Wertschätzung erreicht werden kann. Hierin liegt der Schlüssel zum Erfolg. Wertschätzung setzt bei Mitarbeitern bislang unerreichtes Potenzial frei.[75] Dessen sind sich viele Führungskräfte nicht bewusst, denn wären sie es, würden sie viel weitreichendere Maßnahmen ergreifen als bisher. Eine Vielzahl an positiven Effekten bietet strukturiertes und systematisches Feelgood Management. Der stärkste Hebel liegt dabei im Etablieren einer Wertschätzungskultur.

In Bezug auf Innovations- und Zukunftsthemen sind Unternehmen mit einer ausgeprägten menschlichen Wertekultur[76] robuster gegenüber neuen Herausforderungen und deutlich dynamischer unterwegs, nicht zuletzt durch den Zugang zum gesamten mentalen Ideen-Potenzial ihrer Mitarbeiter.

Menschlichkeit = Soziales + mentales Kapital von Unternehmen

Wir erinnern uns an die fünf Treiber der Entwicklung, die Organisationen und unsere Arbeitswelt verändern: die vierte Industrielle Revolution, die Digitalisierung, das Wissenskapital, der demografische Wandel und der Wertewandel. Dem Takt der Veränderung kann sich kein Unternehmen mehr entziehen.

---

[75] Brockhoff, S./Panreck, K.: Menschlichkeit rechnet sich. Warum Wertschätzung über den Erfolg von Unternehmen entscheidet. Campus 2016.
[76] Breuer, H./Lüdeke-Freund, F.: Values-Based Innovation Management. Innovating by What We Care About. Palgrave Macmillan 2016.

Jedes Unternehmen steht dabei vor individuellen Herausforderungen. Ist es allerdings nicht in der Lage, Menschlichkeit zu demonstrieren, schwindet die Loyalität der Mitarbeiter und wertvolle Ressourcen verpuffen. Letztlich birgt das die Gefahr, dass Unternehmen ihre Relevanz im Markt zu verlieren.

Wissensarbeiter repräsentieren heute das soziale und mentale Kapital – Vermögenswerte einer Organisation, die nicht in den Bilanzbüchern erscheinen, sondern als Wissen in den Köpfen der Mitarbeiter steckt und einen immer wichtigeren Stellenwert für Organisationen einnimmt. Zudem sind die sozialen, emotionalen und mentalen Fähigkeiten der Mitarbeiter bei der erfolgreichen Bewältigung von bevorstehenden Herausforderungen unverzichtbar.

Gerade in unserer heutigen Zeit, in der Wissensarbeiter von unzähligen und nahezu grenzenlosen Möglichkeiten des modernen Arbeitens profitieren dürfen, wird Menschlichkeit zum Anker und Magnet für Mitarbeiter sowie für zukünftige Talente zur Überlebensnotwendigkeit für Unternehmen.

Für Unternehmen geht es bei Menschlichkeit um nicht weniger als die mentale Software für Erfolg und Zukunft. Für den Mensch Mitarbeiter geht es bei Menschlichkeit um nicht weniger als um seine Arbeits- und Lebenszeit und wie sinnhaft die eigene Arbeit erlebt wird.

⇢ **MENSCHLICHKEIT IST EIN ZUTIEFST WIRTSCHAFTLICH BEGRÜNDETER WERT, DER DAS SOZIALE UND MENTALE KAPITAL VON UNTERNEHMEN SICHERT.**

Grundbedürfnis-Check:
- ✓ *Körperliches Feelgood*
- ✓ *Emotionales Feelgood*
- ✓ *Mentales Feelgood*
- ✓ *Sinnhaftes Feelgood*

Nutzen wir die Chance und gestalten mit Feelgood Management die Rahmenbedingungen für menschlicheres Arbeiten und Spitzenleistung.

Um zu beginnen, höre auf zu reden und fange an zu tun.
WALT DISNEY

5

HUMAN CORE

RÄUME DES WOHLFÜHLENS UND DER ENTFALTUNG

ZUKUNFT DER ARBEIT: TRENDS

Menschen verbringen einen Großteil ihrer Lebenszeit am Arbeitsplatz, viele davon im Büro. Daher spielt die Gestaltung der Räume des Arbeitens und des Denkens eine entscheidende Rolle, ob Arbeit positiv erlebt wird.

Der Future of Work-Trendscout Raphael Gielgen des internationalen Wohn- und Büromöbel-Unternehmens Vitra hat acht Trends[77] ausgemacht, die in Zukunft unsere Arbeitsweisen und -räume entscheidend verändern werden: Human Core, Campus Community, Cluster Economy, Talent Transfer, Maschine Minds, Permanent Beta, Eco Friendly und Transversality.

Eine zentrale Herausforderung ist dabei Human Core – der Mensch im Zentrum.

MENSCH, RAUM, WOHLBEFINDEN

Mit Menschzentriertheit – Human Core – werden Unternehmen in Zukunft dafür sorgen müssen, dass ihre Mitarbeiter sich physisch wie emotional gesund und wohl fühlen. Das geht so weit, dass sich ihre Gesundheit sogar verbessert. Konkret bedeutet das, dass Gebäude – und alles, was sich in den Gebäuden befindet – dazu beitragen muss, dass wir uns wohler fühlen, bessere Entscheidungen treffen und unsere Gesundheit, und damit die menschlichen Kernbedürfnisse im Mittelpunkt stehen.

---

[77] www.waldis-ag.ch/working/neue-arbeitsweise-neue-raeume/

BEISPIEL:

Die niederländische Architekturfirma D/DOCK geht sogar noch einen Schritt mit ihrem Healing Office-Konzept[78] weiter, das Raum, Komfort, körperliche Gesundheit, Teamarbeit, Vernetzung, Begegnung, Energie und Arbeitsglück fördert und Stress reduziert. Die Botschaft lautet: „Leave the office with more energy than you came with." Kunden, wie die Digitalagentur Macaw sagen: „Wir wissen, dass das einzige, was uns erfolgreich macht, unsere Mitarbeiter sind." Für den Chief Financial Officer hat sich das gesunde und attraktive neue Arbeitsumfeld bereits bezahlt gemacht. Die begleitende Healing Office Studie[79] hat eine Steigerung des Wohlbefindens und der Mitarbeiterproduktivität um 10 Prozent aufgrund des gesunden Arbeitsumfelds festgestellt.[80]

Um der Human Core-Herausforderung gerecht zu werden, haben Büroräume heutzutage fünf Anforderungen zu erfüllen:

1. Identifikations- und Heimatort
2. Begegnungsraum
3. Erholungs- und Regenerationsraum
4. Experimentier- und Lernraum
5. Denkraum

Wie Feelgood Management als Impulsgeber an der Schnittstelle Mensch, Organisation, Raum dabei unterstützen kann, verdeutlichen ausgewählte Beispiele im Folgenden.

1. Identifikations- und Heimatort

Lebenswerte Arbeitsräume bestärken im täglichen Miteinander den schöpferischen Geist der arbeitenden Menschen und das Gefühl Teil einer Gemeinschaft zu sein. Durch das Erleben von

---

[78] www.ddock.com/stories/healing-offices-study-shows-significant-positive-result/
[79] www.ddock.com/cases/macaw/
[80] www.ddock.com/stories/healing-offices-study-shows-significant-positive-result/

- Gemeinschaft, Zugehörigkeit, Kooperation, Verbundenheit, Freude,
- Teilen, Austauschen, Mitteilen,
- Freiraum, Experimentieren,
- Entfalten, Bewirken, Leisten sowie
- Offenheit, Transparenz, Kommunikation,

wird das Büro zum sinnerfüllten Ort des gemeinsamen Arbeitens, zum Identifikations- und Heimatort, der die Werte des Unternehmens widerspiegelt.

Ein Wohlfühl-Büro ist Ausdruck von Wertschätzung und gleichzeitig ein Ort, mit dem man sich gern identifiziert. Das macht gute Laune. Wer sich wohlfühlt, arbeitet besser. Das hat auch das Leipziger Unternehmen F&P erkannt.

BEISPIEL:

Dort sind Hausschuhe ein individueller Ausdruck der Identifikation und stellen in der Feelgood-Kultur der Firma einen wichtigen Wohlfühlfaktor dar. Wunderschön gestaltete Hausschuhregale machen diesen Kulturwert zu einem einzigartigen und ästhetischen sichtbaren Kulturwert im Büro.

©: Peter Eichler, Entwurf: design2sense GmbH

Das schönste Kompliment von Besuchern ist übrigens:
„Kann ich hier auch arbeiten?"

ANJA NEUMANN, FEELGOOD MANAGERIN, F&P LEIPZIG

2. Begegnungsraum

Begegnungsräume sind inspirierende Gemeinschaftsräume bzw. Flächen, die dazu einladen, miteinander ins Gespräch zu kommen. In vielen Firmen ist oftmals die Kaffeeküche der Ort für ein Treffen in entspannter Atmosphäre. In einigen Unternehmen entstehen richtig gemütliche Cafés oder Lounges, die zum Socializing, spontanen Treffen mit Kollegen oder zur entspannten Snack-Pause einladen.

Doch aufgrund effizienzgetriebener Optimierungsprozesse und Flächenverdichtung sind Begegnungsräume, die den ungeplanten, informellen zwischenmenschlichen Austausch und die Kommunikation fördern, meist Mangelware in Firmen.

Diese Entwicklung steht jedoch absolut konträr zu der Erkenntnis, das drei Viertel aller Besprechungen als informeller Austausch zwischen zwei bis drei Personen stattfinden – hier werden über 80 Prozent der Innovationen generiert.

Wichtig: Zukünftige Raumkonzepte müssen räumliche Gelegenheiten schaffen, die zwischenmenschliche Begegnungen und persönliche Kommunikation fördern. Benedikt Kisner, Geschäftsführer des IT-Unternehmens netgo im Westmünsterland, geht noch weiter: „Mitarbeiter müssen die Gelegenheit haben, das Unternehmen zu spüren und sich als Teil des Ganzen zu fühlen."[81]

Der Neubau der netgo Firmenzentrale bildet diesen Anspruch mit Co-Working-Arbeitsplätzen, Chill-Zonen, Auditorium, Fitnessstudio und Restaurant konsequent ab.

> **Die Digital Company ist für uns nicht nur ein Arbeitsplatz.**
> **Sie soll schlicht gesagt ein genialer und inspirierender Ort sein,**
> **wo man viele Leute trifft und sich austauschen kann.**
> **Hier fühle ich mich wohl – hier lebe ich meine Ideen.**
>
> AUSZUG AUS DEM WILLKOMMENS-HANDBUCH DER DIGITAL COMPANY

---

[81] Platzhirsch. Das Business-Magazin für dein Revier, Vol. #2/2019, MÜ12 Verlag, Bocholt.

Exkurs: Die Kraft der ungeplanten Kommunikation

Einen weiteren wichtigen Aspekt der Begegnung mit anderen Kollegen hat das Massachusetts Institute of Technology (MIT)[82] in einer Studie herausgefunden. Danach entstehen vier Fünftel aller wirklich innovativer Ideen nicht in der Entwicklungsabteilung oder im Einzelbüro, sondern durch ungeplante Kommunikation. Von außen betrachtet sehen solche Begegnungen und Treffen meist so gar nicht nach Arbeit aus.

3. Erholungs- und Regenerationsraum

Um zwischendurch mal frische Energie aufzutanken, braucht der Mensch Räume der Erholung oder der kreativen Pause. Darunter sind zum Beispiel Räume wie Bibliotheken, Napp-Bereiche, Spielareas mit Kicker, Tischtennis oder Chill-Terrassen bzw. Lounge-Ecken zu verstehen.

---

[82] Swisscom Dialoge: Work smart, Swisscom Magazin 2/2014.

4. Experimentier- und Lernort

Ein Schlüsselaspekt des Feelgood Management-Ansatzes sind Freiräume und Experimentierstrukturen. Das sind (Denk-)Räume des Ausprobierens, in denen Mitarbeiter mit Freiräumen und selbstorganisierten Arbeiten experimentieren können. Damit sind nicht nur physische Räume, sondern auch Denkformate gemeint, zum Beispiel Culture Club, Kreativ-Lab, Innovation-Lab oder Future Lab.

> **Jede Idee, die den Kopf nicht verlässt, ist eine verlorene Chance.**
>
> OTELO CHARTA

TIPP:
Neben Experimentier- und Lernräumen braucht man für solche effektiven Begegnungen und Engagement auch Zeit. Ein dafür zur Verfügung gestelltes Zeitbudget schafft Klarheit und Vertrauen.

Mehr Inspiration zum Thema bietet das Buch *New Workspace: Playbook* der Innovationsagentur Dark Horse.

5. Denkort

Die Weiterentwicklung von Kultur, Werte, Zukunftsideen braucht in regelmäßigen Abständen, abseits des Büroalltags, Impulse, Freiräume und manchmal sogar Provokationen. Damit sind metaphorische Räume, wie Möglichkeiten oder Gelegenheiten (neue) Denkkultur zu erleben gemeint, aber auch physische Räume, die häufig nicht im Unternehmen zu finden sind. Neue Denkräume, wie die Brainery[83] in Hamburg, entstehen mit Konzepten, die so frisch und genussvoll klingen wie „Drink and Think", „Know yourself", oder „Marktplatz für gute Gespräche". Für diese Räume des Denkens verlassen Teams, Chefs und Mitarbeiter immer öfter das eigene Büro. Ihr Gewinn: Perspektivwechsel, das gute Gespräch, Outside-the-Box-Denken. Das geht sogar so weit, dass mobile Denkräume in Gestalt des „Denk-Mobils" zu den Firmen und Menschen kommen. Der Kreativität sind keine Grenzen gesetzt.

© Gaby Bohle

---

[83] www.brainery.de

DIE MENSCH-ORGANISATION-RAUM-SCHNITTSTELLE

Dass sich etwas durch die neuen (Denk-)Räume ändert, merkt man schnell an den E-Mails, die nicht geschrieben werden, weil man sich ohnehin mehr über den Weg läuft und kommuniziert. Auch die Zahl der Meetings sinkt. Dank des direkten Ansprechens klären sich Dinge schlicht schneller.

Für Mitarbeiter macht ein Büro mit Wohlfühl-Charakter einen spürbaren Unterschied. Mitarbeiterbefragungen nach dem Umbau zeigen am Beispiel der Credit Suisse in Zürich[84], dass mehr als die Hälfte von ihnen sich in den neuen Büros motivierter fühlt als zuvor. 76 Prozent werteten ihre außergewöhnliche Arbeitsumgebung als ein Zeichen außergewöhnlicher Wertschätzung. Sogar 87 Prozent erklärten, stolz auf ihr Büro zu sein.

Räume übernehmen eine tragende Rolle in der menschorientierten Kulturentwicklung. Doch auch wenn es nicht immer eine Lösung für alle Räume gibt, bieten offene Bürolandschaften, wie das Collage Office von Vitra, einen innovativen Ansatz, inklusive Mitarbeiter-Partizipation bei der Office-Konzeptentwicklung. Feelgood Management unterstützt den Gestaltungs- und Umsetzungsprozess an der Schnittstelle Mensch-Organisation-Raum maßgeblich.

TIPP:
Wer Inspiration und Impulse für ein anstehendes Büroprojekt sucht, findet auf der Online-Plattform Office Snapshot Beispiele von modernen Office-Designs in Büros weltweit.

---

[84] vgl. www.brandeins.de/magazine/brand-eins-wirtschaftsmagazin/2014/konzentration/die-stille-botschaft-der-raeume/

6

FEELGOOD MANAGEMENT

URSPRUNG, MYTHEN, ZAHLEN, DATEN, FAKTEN

FEELGOOD MANAGEMENT – MEHR ALS NUR EIN TREND!

Warum sind manche Unternehmen so ungleich viel innovativer und erfolgreicher als andere? Den Unterschied machen ihre einzigartige Kultur und Menschorientiertheit, denn nur Mitarbeitende, die sich wohlfühlen, können in einem anspruchsvollen Umfeld beste Leistungen bringen. Google ist das bekannteste Beispiel dafür.

Wo man sich wohlfühlt, will man bleiben. So einfach ist die Formel tatsächlich. Dass das nicht nur im Privatleben, sondern auch im Büro gelingen kann, belegt der Feelgood-Ansatz. Das Konzept stellt das positive Erleben und Mitgestalten der Arbeitswelt ins Zentrum der Betrachtung. Der Mensch wird darin auf Augenhöhe zum aktiven Mitgestalter seiner Arbeitsumgebung und der Zukunftsfähigkeit des Unternehmens.

Die Anfänge des Feelgood-Ansatzes in Organisationen schildern die nächsten Seiten.

URSPRÜNGE IN DER DEUTSCHEN START-UP-KULTUR

Feelgood Management hatte seine Geburtsstunde im Jahr 2011 in Hamburg beim Unternehmen Jimdo mit der Einstellung der ersten Feelgood Managerin.

Dem ehemaligen Start-up-Unternehmen und Hersteller von Webseiten-Baukästen mit damals 60 Mitarbeitern stand zu jener Zeit ein großer personeller Wachstumsschub bevor. Es zeichnete sich ab, dass sich die Belegschaft innerhalb kurzer Zeit verdoppeln würde. Die drei Gründer wollten mit Feelgood Management sicherstellen, dass die gute Stimmung und die gelebte Kultur innerhalb des Unternehmens auch bei schnellem Wachstum nicht verloren ginge. „Wir wollten einfach das Gefühl nicht verlieren, sich jeden Tag auf die Arbeit und auf seine Kollegen zu freuen. Weder für uns noch für unsere Mitarbeiter«, so Mitgründer Fridtjof Detzner. „Es ging uns nicht darum, einen Bespaßer zu finden, der die Mitarbeiter bei Laune und möglichst lange im Büro hält. Wir möchten, dass sich jeder hier ganz ehrlich wohl fühlt und dadurch seine besten Ideen frei entfalten kann."[85]

Jimdo[86] zählt heute in der Internetbranche zu den erfolgreichsten Jungunternehmen in Deutschland, beschäftigt inzwischen knapp 200 Mitarbeiter und erwirtschaftet mehr als 29 Millionen Euro Umsatz[87] im Jahr.

ABGRENZUNG ZUM CORPORATE HAPPINESS

Corporate Happiness ist ein Management-Ansatz nach US-amerikanischem Vorbild, der zunehmend in Europa Bekanntheit gewinnt und das Motto verfolgt: „Glückliche Mitarbeiter machen glückliche Kunden." Google und Zappos sind namhafte Beispiele, die einen Chief Happiness Officer (CHO) für mehr Mitarbeiter- und Kundenzufriedenheit einsetzen. Es ist jedoch Vorsicht geboten, Corporate Happiness eins zu eins für den deutschsprachigen Raum zu adaptieren. Die bunte Google-Welt etwa zeigt, wie es den Mitarbeitern durch Wäscheservice, hausinternem Fitness-Center und Essen rund um die Uhr leicht gemacht wird, länger im Büro zu bleiben und zu arbeiten.

Feelgood Management unterscheidet sich von Corporate Happiness zum einen im Werteverständnis – Arbeitszeit = Lebenszeit – und zum anderen in der Verantwortung dem Mitarbeiter gegenüber, der im Fürsorgeauftrag des deutschen Arbeitsschutzgesetzes, das neben dem Schutz des Körpers auch den Schutz der psychischen Gesundheit umfasst, zum Ausdruck kommt.

> **Wir wollen bei Jimdo nämlich keine leeren ausgelaugten Arbeitsleichen,**
> **sondern frische Kollegen, die Lust auf das haben, was sie tun.**
>
> JIMDO KARRIERESEITE

In Deutschland hat das Fraunhofer Institut im Rahmen von New Work den Begriff „Caring Companies" geprägt, der dafür steht, dass Unternehmen möglichst hohe emotionale Bindungen über fürsorgende Werte zu Mitarbeitern aufbauen, um deren Loyalität und Arbeitsfähigkeit zu sichern. [88]

---

[85] Jimdo, Pressemitteilung Feelgood Kultur – vgl. www.jimdo.com/de/presse/pressemitteilungen/feelgood-und-kultur/
[86] vgl. https://de.wikipedia.org/wiki/Jimdo – Stand: 10.03.2019
[87] ebd.
[88] Fraunhofer IAO 2013 – www.blog.iao.fraunhofer.de/arbeitswelten-40-wie-wir-morgen-arbeiten-und-leben/

Qualitatives Feelgood Management greift den US-amerikanischen Corporate Happiness-Ansatz (Mitarbeiterzufriedenheit = Kundenzufriedenheit) auf und verbindet ihn mit dem Caring Companies-Ansatz (Fürsorge + Wertschätzung = Mitarbeiterbindung).

MYTHEN UND ANDERE IRRTÜMER

In der Gründungsphase von GOODplace sind mir unzählige Mythen und Vorurteile gegenüber Feelgood Management begegnet. Hätte ich nicht an mein Herzensthema geglaubt, gäbe es heute keine Erfolgsbeispiele aus der Feelgood-Praxis zu berichten. Deshalb ist es mir ein besonderes Anliegen, gerade den hartnäckigen Mythen beharrlich mit Zahlen und Fakten entgegenzutreten.

Mythos: Feelgood ist „soziales Gedöns"

So manche Führungskraft versteht Feelgood Management als „soziales Gedöns". Das folgende Beispiel deckt den Irrtum auf.

BEISPIEL:

Stellen Sie sich vor, Sie als Führungskraft verlieren in diesem Jahr drei Ihrer besten Mitarbeiter an die Konkurrenz. Das bedeutet erst mal viel Ungemach für Sie und die verbleibenden Kollegen und Kolleginnen, die durch den Weggang Mehrarbeit und zusätzlichem Stress ausgesetzt sind.

Zusätzlich erwartet Sie weiterer Ärger an der Kostenfront. Studien[89] zeigen, dass die Abwanderung von Fachkräften Kosten in Höhe von anderthalb bis zwei Jahresgehälter pro Mitarbeiter verursacht, bis die volle Produktivität wieder erreicht ist.

Unbeeindruckt davon dreht sich die Demotivationsspirale am Arbeitsplatz munter weiter. Als Folge des „Brain Drains" – des Verlusts von wertvollen Fach- und Erfahrungswissens –, sinken innerhalb der Belegschaft die Produktivität und die Motivation. Krankheitsausfälle als Folge der Mehrbelastung nehmen zu, die Stimmung sinkt weiter.

---

[89] Bersin, J. – www.linkedin.com/pulse/20130816200159-131079-employee-retention-now-a-big-issue-why-the-tide-has-turned/

Von wegen „soziales Gedöns". Ohne spürbare Verbesserung des Arbeitsklimas besteht weiter ein unvermindert hohes Risiko die besten Leute zu verlieren.

FAKT

Wenn Fachkräfte infolge schlechter Arbeitsatmosphäre und -stimmung abwandern, können schnell Kosten bis in sechsstelliger Höhe pro Mitarbeiter entstehen.

FGM-LEISTUNG

Das Feelgood Management schafft Rahmenbedingungen für wertschätzendes Arbeiten, die den wirtschaftlichen Erfolg eines Unternehmens positiv beeinflussen. Studien der Hirnforschung belegen deutlich: Wie ich mich fühle, so arbeite ich. Werde ich wertgeschätzt, fühle ich mich mit meinen Kollegen verbunden, kann ich mich mit meiner Arbeit emotional identifizieren, wirkt sich das positiv auf meine Leistungsfähigkeit und die Identifikation mit meinem Unternehmen aus.

Mythos: Feelgood ist Bespaßung und modernes Pausenspektakel

Kreative Spaßmaßnahmen auf Team-, Abteilungs- und Unternehmensebene stehen bei vielen Unternehmen hoch im Kurs. Von Kletterwald über Escape Room-Events bis Barrista-Kurse und Bällebad sind der Kreativität keine Grenzen gesetzt. Unternehmen versprechen sich davon echte Stimmungsbooster für das Büro- und Betriebsklima. Aus Arbeitgeber-Perspektive sind die offerierten Spaß- und Eventmaßnahmen ein Ausdruck von Wertschätzung gegenüber Teams und Belegschaften. Das trifft besonders bei Start-ups zu. In der Anfangszeit verbringen Kollegen und Kolleginnen viel Zeit am Arbeitsplatz, ihre treibende Hauptmotivation ist die Umsetzung einer Vision. Das Bedürfnis nach einer guten, gemeinsam erlebten Arbeitszeit ist entsprechend hoch. Je netter man den Rahmen gestaltet, umso besser wird die Arbeitszeit erlebt. Doch das gilt nicht für jeden Mitarbeiter generell.

FAKT

Wird Feelgood Management auf Bespaßung und „Mach-mal-die Leute-happy" reduziert, ohne dabei die echten Mitarbeiterbedürfnisse zu berücksichtigen, ist das reine Makulatur. Das gilt für Start-ups und etablierte Unternehmen gleichermaßen.

FGM-LEISTUNG

Feelgood Management stellt den Menschen in den Mittelpunkt, analysiert Mitarbeiterbedürfnisse, schafft ein bedürfnisorientiertes Maßnahmenangebot und lädt zur Mitgestaltung ein.

Mythos: Feelgood als Pflaster gegen schlechte Stimmung

In Firmen, die unter einer schlechten Stimmung in der Kollegenschaft leiden, ist häufig die fehlende Bereitschaft der Geschäftsführung zu beobachten, sich mit den ursächlichen Problemen, wie fehlende Wertschätzung, auseinanderzusetzen. Was dann oft eintritt, ist Feelgood-Aktionismus in Form von Gesundheitsmaßnahmen und Anschaffungen nach dem Gießkannen-Prinzip, um zu zeigen, dass man aktiv ist und etwas tut. Sind dahingegen Feelgood-Maßnahmen, wie Tischkicker, kostenloses Obst oder Rückenmassage im Angebot, weil sie ein Mitarbeiterbedürfnis nach Bewegung, gesunder Ernährung und Entspannung darstellen, entspricht das Feelgood-Angebot absolut dem Bedarf.

FAKT

Nicht jedes Feelgood-Angebot ist mit Feelgood-Aktionismus gleichzusetzen. Werden jedoch bei grundlegenden Problemen keine ursachenbezogenen Lösungen ergriffen, können gutgemeinte Feelgood-Maßnahmen schnell als purer Aktionismus entlarvt werden.

FGM-LEISTUNG

Der ganzheitliche Ansatz von Feelgood Management bietet allen Mitarbeitenden die Chance, über Feedback und Teilhabe die Kultur des Unternehmens und das eigene Arbeitsumfeld gemeinsam zu gestalten. Darüber werden ein Wir-Gefühl und Vertrauen aufgebaut.

Mythos: Reines Employer Branding zur Aufpolierung des Arbeitgeberimages

Auf vielen Firmen-Karriereseiten finden sich Statements wie „Der Mensch steht bei uns im Mittelpunkt" oder „Unser Feelgood Management sorgt für Wohlfühlatmosphäre", die Teil des Arbeitgeber-Marketings, des Employer Brandings sind, um möglichst für viele Talente attraktiv als Arbeitgeber zu sein.

FAKT

Werden Marketing-Versprechen von wertschätzendem, menschlichen Miteinander und feel good nicht eingelöst, entstehen Enttäuschung und Frust bei den Angestellten. Immer mehr enttäuschte Mitarbeiter teilen dann anonym auf Arbeitgeberbewertungs-Plattformen ihren Unmut und Frust.

FGM-LEISTUNG

Der partizipative Ansatz des Feelgood Management-Systems ermöglicht die gemeinsamen Kulturwerte und eine Leitbildentwicklung mit den Mitarbeitenden. Davon profitieren nicht nur die Mitarbeiter, sondern auch die Organisation. Aus Mitarbeitern werden so Kultur-Botschafter, die in ihrem Freundeskreis, in der Familie und bei vielen anderen Gelegenheiten positiv bis begeistert über ihren Arbeitgeber sprechen. Employer Branding, das voll ins Herz trifft.

Mythos: Feelgood ist ein Goodies- und Benefit-Karussell, das sich immer schneller dreht.

Mit extrinsisch motivierten Anreizen von außen, den Benefits, versuchen viele Unternehmen, ihre Angestellten zu einer höheren Leistungsbereitschaft zu motivieren, etwa durch Jahresboni, Firmenwagen, Prämien und Smartphones.

In einigen Branchen ist durch den Fachkräftemangel ein regelrechter Wettbewerb um die besten Köpfe ausgebrochen. Mit immer cooleren Benefits wird um Talente gebuhlt.

FAKT

Wer Feelgood Management irrtümlich als Goodie- und Benefit-Tool zur Gewinnung und Bindung von Mitarbeitern versteht, wird auf einem Arbeitsmarkt mit knapper werdender Verfügbarkeit von Fachkräften scheitern. Es wird immer ein Unternehmen geben, das mehr bietet.

FGM-LEISTUNG

Feelgood Management ist ein intrinsisch motivierter Ansatz und orientiert sich an der Erfüllung von Mitarbeiterbedürfnissen nach wertschätzendem, sinnstiftendem Miteinander und fairen Konditionen.

GRENZEN DES FEELGOOD MANAGEMENTS

Feelgood Management ist kein All-Heilmittel und erreicht seine Grenzen bei den folgenden Themen:

Alibi und Feigenblatt-Ansatz

Wenn Unternehmen Feelgood Management als Patentlösung gegen schlechtes Betriebsklima oder Führungsversagen einsetzen, ohne den ernsthaften Willen, den wahren Problemursachen auf den Grund zu gehen, ist das reine Makulatur, die sowohl von der Belegschaft als auch von zukünftigen Talenten schnell als solche entlarvt wird.

Betriebsrat-Ersatz

Feelgood Management ersetzt keinen Betriebsrat. Ganz im Gegenteil: Durch die verschiedensten Feedback-Kanäle des Feelgood Management-Systems werden Mitarbeiterthemen und -bedürfnisse systematisch präventiv aufgenommen und bedürfnisorientierte Maßnahmen initiiert.

> Kunden kommen nicht an erster Stelle.
> Mitarbeiter kommen an erster Stelle.
> Wenn man sich gut um seine Mitarbeiter kümmert,
> kümmern sie sich gut um die Kunden.
>
> RICHARD BRANSON

KULTURGESTALTUNG MIT FEELGOOD MANAGEMENT

Ein Erfolgsfaktor von Virgin-Gründer Richard Branson, der zu den erfolgreichsten Managern der Welt zählt, ist seine Haltung und Wertschätzung gegenüber seinen Mitarbeitern. Er hat früh erkannt, dass seine Firma nur so gut ist wie seine Mitarbeiter. Er respektiert seine Angestellten und gibt ihnen ein Gefühl der Wertschätzung. Und sie belohnen das mit Treue zum Unternehmen und zum Chef.

> ### Kulturgestaltung erfordert Haltung
>
> Feelgood Kulturgestaltung erfordert eine wertschätzende Haltung gegenüber dem Menschen, das gilt für Führungskräfte und Mitarbeiter gleichermaßen.
>
> Feelgood Kulturgestaltung ist ein Kultur- und Haltungsthema der Arbeitswelt 4.0, es stellt den Menschen in den Mittelpunkt.

© Ines Schaffranek

In Organisationen gibt es nicht nur die eine Kultur, sondern immer viele Teilmengen von Kulturen, selbst wenn es eine Leitkultur als Firmenkultur gibt. Genauso verhält es sich mit der Feelgood-Kultur, die im Organisationskontext verschiedene Kulturen rund um den Faktor Mensch abbildet.

Die Feelgood-Kultur bildet in ihrer Gesamtheit die Menschlichkeit einer Organisation ab. Doch wie auch jedes Unternehmen anders ist und seine Mitarbeiter einzigartig sind, so ist auch jede Feelgood-Kultur einer Organisation individuell. Deshalb gibt es für die Gestaltung der Feelgood-Kultur keinen Königsweg, und erst recht keine Copy-und-Paste-Blaupause für Eilige.

···> **DIE MENSCHLICHKEIT EINER ORGANISATION ZEIGT SICH IN IHRER EINZIGARTIGEN FEELGOOD-KULTUR. WIE JEDE ORGANISATION EINZIGARTIG IST, SO SIND ES AUCH IHRE MITARBEITER.**

Was wir von Google lernen können, dem Unternehmen, das mit seiner einzigartigen Kultur erfolgreich wurde:

> **We want to understand, what works here rather than what worked at any other organization.**
>
> LASZLO BOCK, GOOGLE

Deshalb warne ich eindrücklich davor, isoliert einzelne Feelgood Management-Praktiken umzusetzen, ohne zu wissen, was zum eigenen Unternehmen, seinen Werten und seinen Mitarbeitern passt.

In einem ganzheitlichen Kulturprozess bestimmen verschiedene Entwicklungs- und Bedarfsfaktoren, ob und welche Kulturthemen eine höhere Priorität einnehmen als andere. Wenn ein Unternehmen beispielsweise stark wächst und neue Mitarbeiter einstellt, stehen Willkommens- und Integrationskultur klar im Fokus. Je nach individueller Situation prägen sich entwicklungsbezogen einzelne Kulturen unterschiedlich stark bzw. intensiv aus.

Feelgood-Kulturgestaltung ist …

- individuell.
- bedürfnisorientiert.
- situationsbestimmt.
- eine Kulturreise im eigenen Schritttempo.
- ein kontinuierlicher und partizipativer Prozess.

--→ **KICKERTISCH UND OBSTKORB ALLEIN MACHEN NOCH LANGE KEINE FEELGOOD-KULTUR!**

Bevor wir uns der Umsetzungsfrage zuwenden, wie Sie mit Feelgood Management die Rahmenbedingung für eine Feelgood- und Wertschätzungskultur etablieren, beschäftigen wir uns auf den folgenden Seiten mit der Frage, warum Chefs einen Teil ihres Budgets für Feelgood Management verwenden sollten.

> **Culture is about performance, and making people feel good about how they contribute to the whole.**
>
> TRACY STRECKENBACH, COO INNOVATIVE GLOBAL BRANDS

DIE WERTSCHÖPFUNG VON FEELGOOD MANAGEMENT

Menschorientiertheit in harten Zahlen und Fakten

„Wenn die Arbeit und das Arbeitsumfeld Spaß machen, dann stellt sich der Erfolg von ganz allein ein", so die Erfahrungen von Maik Trappmann, Empowerment Filialleiter und Feelgood Manager der ersten Azubi-Filiale der Hamburger Sparkasse.[90] Aber auch breiter aufgestellte Studien, wie die des Bundesministeriums für Arbeit und Soziales, stellen einen engen Zusammenhang zwischen der Unternehmenskultur und dem finanziellen Erfolg eines Unternehmens her.[91]

Anhand einer Chancen-Risiko-Analyse von Unternehmen mit ausgeprägter bzw. geringer Menschorientiertheit, soll Klarheit über die Wertschöpfung von Feelgood Management erreicht werden.

RISIKO: Unternehmen mit geringer Menschorientiertheit

AUSWIRKUNG	NEGATIVE EFFEKTE	ZAHLEN
WIRTSCHAFTLICHES ERGEBNIS		
Schlechtes Betriebsklima	• Stagnierende bzw. sinkende Produktivität • Ergebnismindernd	Bis zu einem Drittel der Geschäftsergebnisse eines Unternehmens macht das Betriebsklima aus.[92]
ENGAGEMENT		
„Dienst nach Vorschrift"-Haltung	• Stagnierende bzw. sinkende Produktivität • Potenzialverschwendung	Mitarbeiter, die nicht emotional mit ihrem Unternehmen verbunden sind, schöpfen nur 30 % ihres Leistungspotenzials aus.[93]
Demotivation	• Dienst nach Vorschrift • Sinkende Produktivität • Fachkräfteverlust	85 % der Beschäftigten haben eine geringe oder keine emotionale Bindung an ihr Unternehmen.[94]
Unglückliche Mitarbeiter	• Sinkende Produktivität • Weniger Wachstum • Schlechte Stimmung • Potenzialverschwendung • Ergebnismindernd	Unglückliche Mitarbeiter sind 10 % weniger produktiv.[95]

---

[90] Business & People 2017 – vgl. www.business-people-magazin.de/bildung/das-kommt-dabei-heraus-wenn-aus-azubis-leiter-werden-19388/

[91] Bundesministerium für Arbeit und Soziales, Abschlussbericht zum Forschungsprojekt „Unternehmenskultur, Arbeitsqualität und Mitarbeiterengagement in den Unternehmen in Deutschland", 2005.

[92] vgl. www.welt.de/wirtschaft/karriere/article140130663/Ein-Drittel-des-Umsatzes-haengt-vom-Betriebsklima-ab.html

[93] vgl. Gallup Engagement Index, 2018.

Abwanderung	• Wissensverlust • Sinkende Produktivität • Schlechte Stimmung • Potenzialverschwendung	1,5 bis 2 Jahresgehälter Kompensationskosten fallen bei Nachbesetzung einer Stelle aufgrund eines verlorenen Mitarbeiters an, bis die volle Produktivität wiederhergestellt ist.[96]
ZUKUNFT		
Schlechtes Arbeitgeber-Image	• Sinkender Umsatz • Kaufboykott	60 % der Konsumenten[97] würden Produkte von Firmen boykottieren, denen ein schlechter Ruf als Arbeitgeber vorauseilt. Der Ruf als Arbeitgeber beeinflusst unmittelbar den Umsatz- und damit den Unternehmenserfolg.[98]
Schwache Arbeitgebermarke	• Weniger Bewerber • Höhere Recruitingkosten • Höhere Personalkosten	52 % Bewerber würden nicht zusagen; 21 % nur bei Gehaltserhöhung von mehr als 10 %.[99]

CHANCEN: Unternehmen mit ausgeprägter Menschorientiertheit

AUSWIRKUNG	POSITIVE EFFEKTE	ZAHLEN
GEWINN		
Glückliche Mitarbeiter	• Ergebnissteigernd • Wettbewerbsvorteil	Unternehmen mit zufriedenen Mitarbeitern übertreffen ihre Wettbewerber um 20 % Gewinn.[100]
Engagierte Mitarbeiter	• Steigende Produktivität • Ergebnissteigernd	Engagierte Mitarbeiter erzielen bis zu 4,5-mal mehr Wachstum als vergleichbare Belegschaften.[101]
ENGAGEMENT		
Glückliche Mitarbeiter	• Steigende Produktivität	Glückliche Mitarbeiter sind 12 % produktiver als der Durchschnitt.[102]
Emotional verbundene Mitarbeiter	• Mehr Engagement • Stärkere Mitarbeiter-Bindung/ Loyalität • Steigende Kundenzufriedenheit • „Extra Mile"-Engagement • Steigende Produktivität • Ergebnissteigernd	Mitarbeiter, die emotional mit ihrem Unternehmen verbunden sind, schöpfen über 70 % ihres Leistungspotenzials aus.[103]

---

[94] ebd.

[95] vgl. www.growtheverywhere.com/management/statistical-case-company-culture/

[96] Bersin, J., 2013 – vgl. www.linkedin.com/pulse/20130816200159-131079-employee-retention-now-a-big-issue-why-the-tide-has-turned/

[97] vgl. www.territory.de/schlechtes-image-als-arbeitgeber-60-prozent-der-deutschen-strafen-mit-kaufboykott-ab/

[98] vgl. www.saatkorn.com/studie-einfluss-von-employer-branding-aufs-kaufverhalten/

[99] vgl. www.linkedin.com/pulse/wie-teuer-ist-eine-schlechte-arbeitgebermarke-und-interview-ferber-6072647948141940736/?originalSubdomain=de

Engagierte glückliche Mitarbeiter	• Mehr Engagement • Mehr Kreativität • Steigende Produktivität	Leidenschaftliche, engagierte und glückliche Mitarbeiter sind 30 % kreativer und 31 % produktiver als ihre Kollegen.[104]
Wertschätzende Führung, gutes Miteinander, Gemeinschaft	• Stärkere Mitarbeiter-Bindung/Loyalität • Steigende Produktivität • Ergebnissteigernd	Durch loyale Mitarbeiter spart ein Unternehmen bis zu zwei Jahresgehälter an Nachbesetzungskosten pro Mitarbeiter. [105]
Wertschätzende Führung, gutes Miteinander, Gemeinschaft	• Engagement • Mitarbeiter-Bindung/Loyalität • Kundenzufriedenheit • Extra Mile • Produktivität • Ergebnis • Return of Flourishing (ROFL)	Return of Flourishing (ROFL) wirkt: Menschen sind im Job besonders leistungsfähig und glücklich, wenn sie sich anerkannt und wohl fühlen.[106]
INVESTMENT		
Glückliche Angestellte	Auswahlkriterium für Aktien-Investment • Mitarbeiterzufriedenheit • Geringe Fluktuation	Fond Sycomore Happy@Work investiert in Unternehmen mit glücklichen Mitarbeitern. Mit 24,7 % Rendite wird Benchmark-Index Eurostoxx übertroffen, der bei 4,8 % im vergleichbaren Zeitraum lag. [107]
ZUKUNFT		
Positive Gefühle, Feelgood, Wohlbefinden	• Betriebsklima • Produktivität • Ergebnis	Positive Gefühle wirken ansteckend: Quasi im Schneeball-Effekt breiten sich gute Gefühle auf andere Beziehungsnetzwerke und Teams aus.[108]
Glückliche Mitarbeiter	• Betriebsklima • Mitarbeiter-Bindung/Loyalität • ProduktivitätErgebnis	Glück erzeugt Erfolg. Positive Emotionen, wie Zufriedenheit und Begeisterung, sind wichtige Vorbedingungen für Erfolg[109] und nicht dessen Resultat.[110]
Gute Gefühle, Feelgood, Wohlfühlen, Gemeinschaft	• Betriebsklima • Innovation • Kundenzufriedenheit • Ergebnis	Positive Emotionen tragen dazu bei, dass positives Mindset aufgebaut wird (Neurobiologie).

---

[100] vgl. www.growtheverywhere.com/management/statistical-case-company-culture/

[101] Hay Group Insight Studie, 2013 – vgl. www.haygroup.com/de/services/index.aspx?id=20757

[102] Oswald, A. J./Proto, E./Sgroi, D.: Happiness and Productivity, University of Warwick 2008. – vgl. www.warwick.ac.uk/newsandevents/pressreleases/new_study_shows/

[103] vgl. Gallup Engagement Index, 2018.

[104] Harvard Business Review, Positive Intelligence, 2012.

[105] Bersin, J., 2013 – www.linkedin.com/pulse/20130816200159-131079-employee-retention-now-a-big-issue-why-the-tide-has-turned/

[106] Rose, N.: Der ROFL-Faktor – was glückliche Mitarbeiter bewirken, 2015. – vgl. www.gruenderszene.de/allgemein/positive-psychologie-mitarbeiter-glueck

Glückliche Mitarbeiter	• Kundenzufriedenheit • Engagement • Hilfsbereitschaft • Kreativität • Betriebsklima • Ergebnis	Glückliche Mitarbeiter erzeugen 31 % mehr Produktivität, 37 % mehr Umsatz und arbeiten 19 % genauer. [111] Absolut begeisterte Mitarbeiter sind engagierter, hilfsbereiter und stecken Kunden mit ihrer guten Laune an.[112]
Mitarbeiter empfehlen ihren Arbeitgeber weiter	• Mehr Job-Bewerber • Mehr Azubi-Bewerber • Weniger Fluktuation • Höhere Loyalität	Recruitingkosten sinken durch ausgeprägte Mitarbeiterbindung. Durch loyale Mitarbeiter spart ein Unternehmen bis zu zwei Jahresgehälter an Nachbesetzungskosten[113] pro Mitarbeiter.
Gutes Arbeitgeber-Image	• Mehr Job-Bewerber • Mehr Umsatz	67 % der Konsumenten[114] würden Produkte von Firmen häufiger kaufen, die ihre Mitarbeiter besonders gut behandeln. Der Ruf als Arbeitgeber beeinflusst unmittelbar Umsatz- und damit Unternehmenserfolg.[115]
Starke Arbeitgebermarke	• Weniger steigende Personalkosten	32 % Verzicht auf Gehaltserhöhung; 49 % Verzicht auf Gehaltssprung[116] von Fachkräften beim Wechsel zu einem Unternehmen mit starker Talentmarke.

Die Chancen von Unternehmen mit einer menschorientierten Kultur überwiegen deutlich vor den Risiken, denn sie profitieren im höchsten Maße wirtschaftlich von glücklichen und engagierten Mitarbeitern, so das Ergebnis der Chancen-Risiko-Analyse. Der hohe Wertschöpfungsbeitrag von Feelgood Management ist durch die Chancen-Risiko-Analyse eindeutig belegt.

---

[107] https://www.fondsprofessionell.de/news/produkte/headline/happy-effekt-fonds-setzt-auf-firmen-mit-gluecklichen-%20angestellten-132202/

[108] Rose, N.: Der ROFL-Faktor – was glückliche Mitarbeiter bewirken, 2015. – vgl. www.gruenderszene.de/allgemein/positive-psychologie-mitarbeiter-glueck

[109] vgl. www.hbr.org/2012/01/positive-intelligence

[110] Fredrickson, B., University of North Carolina. – vgl. https://en.wikipedia.org/wiki/Broaden-and-build

[111] Harvard Business Review, The Happiness Dividend, 2011.

[112] Rose, N.: Der ROFL-Faktor – was glückliche Mitarbeiter bewirken, 2015. – vgl. www.gruenderszene.de/allgemein/positive-psychologie-mitarbeiter-glueck

[113] Bersin, J., 2013 – www.linkedin.com/pulse/20130816200159-131079-employee-retention-now-a-big-issue-why-the-tide-has-turned/

[114] vgl. www.territory.de/schlechtes-image-als-arbeitgeber-60-prozent-der-deutschen-strafen-mit-kaufboykott-ab/

[115] vgl. www.saatkorn.com/studie-einfluss-von-employer-branding-aufs-kaufverhalten/

[116] vgl. www.linkedin.com/pulse/wie-teuer-ist-eine-schlechte-arbeitgebermarke-und-interview-ferber-6072647948141940736/?originalSubdomain=de

FAKT

Glückliche Mitarbeiter sind keine sozialromantische Spinnerei – ganz im Gegenteil: Jede Feelgood-Investition generiert einen vielfachen Return of Investment und sichert die Zukunft von Unternehmen.

7

DAS GOODPLACE-MODELL

FEELGOOD-KULTURGESTALTUNG MIT SYSTEM

Feelgood ist mehr als Lakritz, das vom Himmel fällt.
Es ist harte Arbeit zu schauen, dass es den Mitarbeitern gut geht.

FRITJOF DETZNER, JIMDO MITGRÜNDER

Die Kultivierung einer einzigartigen Feelgood- und Wertschätzungskultur erfordert einen ganzheitlichen und umsetzungsstarken Analyse- und Systemansatz, um Kulturwerte nachhaltig und erfolgreich in die DNA der Organisation zu verankern.

Das GOODplace-Modell wurde von mir mit dem Ziel entwickelt, die Umsetzungslücke zwischen Kultur- und Werte-Strategie und der tatsächlichen Umsetzung und Verankerung in die Organisation zu schließen. Das GOODplace-Modell basiert auf 20 Jahren Erfahrung in Konzern-, Mittelstand- und Start up-Bereich sowie auf der Beobachtung und Analyse von mehr als 300 Trainings und Beratungsprojekten, Konferenzen, BarCamps und Meetups.

Das GOODplace-Modell bietet einen ganzheitlichen Ansatz, um Feelgood- und Wertschätzungskultur systematisch in Organisationen zu kultivieren. Darüber hinaus soll es als „Qualitätslandkarte" für die oftmals sehr unterschiedlich ausgelegte Qualität von Feelgood Management dienen.

Das GOODplace-Modell umfasst die Feelgood-Kultur-Map, die verschiedenen Kulturen im Organisationskontext rund um den Faktor Mensch abbildet, das Feelgood-Manifest, das Feelgood Management-Prozessmodell, das den Ablauf des Feelgood Managements beschreibt, sowie die GOODplace-Disziplinen. Sie bilden den Qualitätsrahmen für Feelgood-Kultur.

DAS GOODPLACE-MODELL IM DETAIL

1. Feelgood-Kultur-Map

Die Feelgood-Kultur-Map umfasst 25 verschiedene Kulturen im Organisationskontext rund um den Faktor Mensch. Mit der Feelgood-Kultur-Map sind Unternehmen in der Lage, den Ist-Stand ihrer Feelgood-Kultur zu bestimmen und weiter zu entwickeln.

GOODplace® Feelgood-Kultur-Map – http://goodplace.org/goodplace-modell/feelgood-kultur-map/

2. Das Feelgood-Manifest und seine Prinzipien

FEELGOOD-MANIFEST

10 Grundprinzipien der Feelgood-Kulturgestaltung

1 Feelgood-Wertekultur basiert auf Wertschätzung gegenüber Mitarbeitern und Führungskräften.

2 Feelgood-Wertekultur erfordert Haltung und Vertrauen in Menschen.

3 Die Frage, mit der alles beginnt: Was brauchst du, um einen guten Job machen zu können?

4 Bedürfnisse verändern sich fortwährend.

5 Feedback ist die Basis für kontinuierliche Verbesserung.

6 Feelgood setzt auf Freiwilligkeit und Selbstverantwortung.

7 Potenzialentfaltung braucht Freiräume.

8 Systemansatz statt Aktionismus.

9 Der Feelgood Manager ist Botschafter und Schnittstellenpartner für das Thema „Mensch und Organisation".

10 Wertschätzung ist die Basis für Mitarbeiterglück und Unternehmenserfolg.

GOODplace® Feelgood-Manifest – http://goodplace.org/goodplace-modell/feelgood-manifest/

Menschliche Kopfarbeit beruht auf neuen Denkmustern und Prinzipien, wie agiles Arbeiten. Trotz allem ist Feelgood kein Wunschkonzert und Organisationen sind nicht zweckfrei. Aus diesem Grund brauchen wir klare Prinzipien, um erfolgreich sein zu können. Das Feelgood-Manifest für die Gestaltung von Feelgood-Kultur wurde gemeinsam mit der GOODplace Community in Anlehnung an das Agile Manifest für Softwareentwicklung[117] entwickelt.

3. Feelgood Management-System mit VOPA-Prinzipien

Mit dem Prozessmodell für Feelgood Management werden Rahmenbedingungen für eine individuelle Feelgood- und Wertschätzungskultur eines Unternehmens etabliert, zur Gestaltung eines wertschätzenden Arbeitsumfelds.

Das Neue am GOODplace-Modell ist die Perspektive Mensch und Organisation und die Bedürfnisorientiertheit, die neue Denkweisen und partizipative Methoden erfordern. Das GOODplace-Modell kombiniert bewährte Methoden aus dem Prozessmanagement mit neuen Ansätzen der Mindset-Entwicklung.

Feelgood Management-System

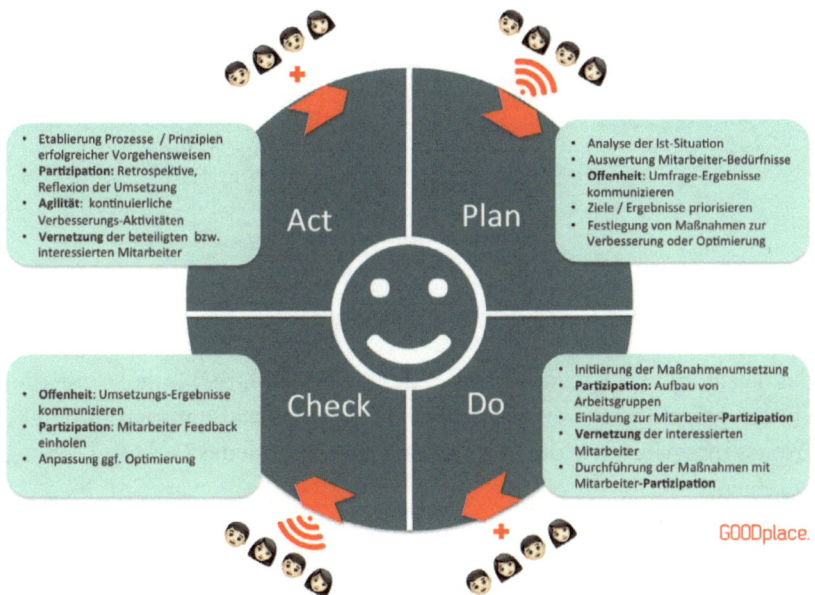

GOODplace® Feelgood Management-System-mit VOPA-Prinzipien –
http://goodplace.org/goodplace-modell/feelgood-management-system/

---

[117] www.agilemanifesto.org/iso/de/manifesto.html

Das GOODplace-Prozessmodell für Feelgood Management bedient sich eines integrierten kontinuierlichen Erhebungs-, Umsetzungs-, Optimierungs- und Weiterentwicklungsprozesses, dem bewährten PDCA-Zyklus (Plan-Do-Check-Act) für kontinuierliche Verbesserung und arbeitet in der Umsetzung mit dem VOPA-Modell[118], den Prinzipien eines digitalen Mindsets.

Exkurs: VOPA

Das VOPA-Modell umfasst die vier Kernwerte: Vernetzung, Offenheit, Partizipation und Agilität, die in der Gesamtheit für ein digitales Mindset, das heißt ein Denkmuster stehen, das Vertrauen in die Handelnden, die Menschen, setzt.

VOPA-Prinzipien

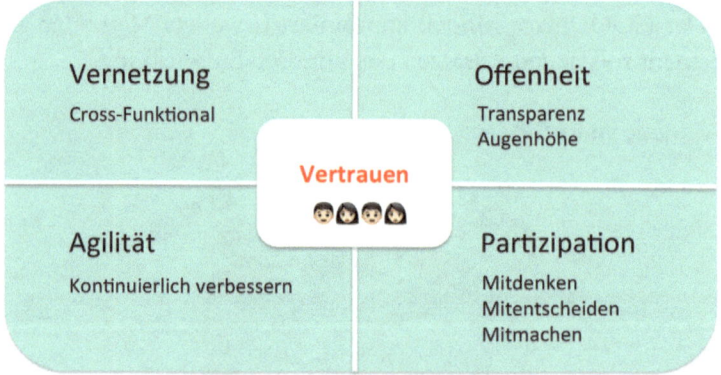

VOPA-Prinzipien – http://goodplace.org/goodplace-modell/vopa/

Integrative Entwicklung eines Digital Mindsets

Über das Feelgood Management nach dem GOODplace-Modell sind die VOPA-Werte in den einzelnen Prozessphasen über konkrete Maßnahmen in den Verbesserungsprozess integriert, wie die Beispiele je Prozessphase des Feelgood Management-Systems zeigen:

---

[118] Buhse, W.: Management by Internet. Börsenmedien 2014.

PLAN

Partizipation: Mitarbeiterumfrage zu Mitarbeiterbedürfnissen
Offenheit: Umfrageergebnisse kommunizieren

DO

Partizipation: Einladung zu Arbeitsgruppen
Vernetzung: Vernetzung der Kulturmitgestalter
Partizipation: Mitmachen und Mitentscheiden bei Kulturprojekten

CHECK

Offenheit: Umsetzungsstatus kommunizieren
Partizipation: Feedback zu Maßnahmen einholen

ACT

Agilität: Kontinuierliche Verbesserung und Optimierung
Vernetzung: Kulturgestaltergruppen etablieren

Der Feelgood Management-Prozess bietet Firmen und ihren Belegschaften Möglichkeiten der Mitgestaltung des eigenen Arbeitsumfelds durch bedürfnisorientierte
Angebote verbunden mit der integrativen Entwicklung eines digitalen Mindsets.
Gegenüber dem klassischen Change Management unterscheidet sich dieses Vorgehen durch eine positive Haltung und Grundstimmung gegenüber dem Thema Veränderung.

4. GOODplace-Disziplinen

Die acht GOODplace-Disziplinen[119] bilden in ihrer Gesamtheit das Idealbild von
Kopf- und Wissensarbeitern ab, wie sie arbeiten wollen. Für die Zielgruppe Wissensarbeiter, sogenannte Knowledge Worker, deren Hauptkapital angeeignetes Wissen
ist, zu denen Programmierer, Berater, Ärzte, Ingenieure zählen, stellen die GOOD-
place-Disziplinen eine hohe Relevanz bei der Wahl des Arbeitgebers dar. Aus der
Perspektive von Wissensarbeitern kürt die Erfüllung der GOODplace-Disziplinen
Unternehmen zum „GOODPLACE"-Unternehmen.

---

[119] Die acht Disziplinen wurden mit Kopf- und Wissensarbeitern in persönlichen Interviews und im Rahmen von
Workshops aus ihren Antworten „Wie wollt ihr arbeiten?" entwickelt.

Die acht GOODplace-Disziplinen

GOODplace® Feelgood-Disziplinen – https://goodplace.org/goodplace-modell/feelgood-disziplinen/

DIE POWER-FRAGE – DAS HERZ VON FEELGOOD MANAGEMENT

„Was brauchst du, um einen guten Job machen zu können?"

Mit dieser einzigen Frage lassen sich Mitarbeiter glücklich machen und die Organisation grundlegend positiv verändern. Diese Kernfrage signalisiert den Menschen der Organisation, dass ihre Bedürfnisse wichtig sind und ernst genommen werden.

Anstatt Mitarbeiter nur einmal jährlich zu befragen, nutzt das Feelgood Management verschiedene individuelle Kanäle zur kontinuierlichen Sammlung von Feedback. Diese Rückmeldungen bieten einen guten Ausgangspunkt, um zu verstehen, worauf es den Mitarbeitern im Unternehmen ankommt. Die GOODplace-Disziplinen haben sich in der Praxis als adäquater Orientierungsrahmen bei Umfragen zu Mitarbeiterbedürfnissen bewährt. Der Prozessablauf des Feelgood Management-Systems stellt sicher, dass aus den Antworten der Mitarbeiter passgenaue Maßnahmen und Rahmenbedingungen initiiert werden.

⇢ FEELGOOD MANAGEMENT SETZT AUF DEN DREIKLANG:
   MITDENKEN, MITENTSCHEIDEN, MITMACHEN.

Prinzip „Partizipation und Kokreativität"

Der Mitarbeiter wird zum aktiven Mitmachen eingeladen. Das Prinzip der Freiwilligkeit ist oberstes Gebot. Daraus entwickelt sich ein kokreativer und partizipativer Ansatz, der Akzeptanz und mehr Engagement fördert.

Mit dem Feelgood Management-Ansatz nehmen Unternehmen ihre Mitarbeiter aktiv als Gestalter auf den Weg zur Feelgood-Kultur mit. Hier wird nichts von oben verordnet, mit der Gießkanne eingekippt, wie es häufig vorkommt, sondern ganz im Gegenteil: Hier werden Mitarbeiterbedürfnisse systematisch und kontinuierlich über Feedback ermittelt, Ergebnisse transparent gemacht, Maßnahmen zügig auf den Weg gebracht und zum Mitdenken, Mitentscheiden und Mitmachen eingeladen.

Feelgood Management verankert mit einem kokreativen Ansatz Kulturarbeit über alle Abteilungen und Funktionen hinweg, sozusagen cross-funktional im Unternehmen.

Über die Einladung zur Mitgestaltung der Unternehmenskultur wird der „Ball" nicht nur vonseiten der Organisation aufgenommen, sondern aktiv an Interessierte zurückgespielt.

⇢ FEELGOOD MANAGEMENT BEFÄHIGT ORGANISATIONEN ZU KOKREATIVER
   KULTURGESTALTUNG.

Prinzip „Hilfe zur Selbsthilfe"

Digitalisierung und Wertewandel wecken bei vielen Beschäftigten ein großes Bedürfnis nach nachvollziehbaren Prozessen und Mitgestaltung des sich verändernden Arbeitsumfelds. Mit Feelgood Management wird ein partizipativer Prozess aus der Mitte der Organisation installiert, der das Empowerment-Prinzip „Hilfe zur Selbsthilfe" fördert. Der Feelgood Manager oder Kulturgestalter gibt freiwilligen Kultur-Arbeitsgruppen Starthilfe bei der Selbstorganisation, bietet Tools und Methoden, gibt Impulse und „Hilfe zur Selbsthilfe"-Tipps.

⇢ FEELGOOD MANAGEMENT MULTIPLIZIERT PARTIZIPATION UND „HILFE ZUR
   SELBSTHILFE" UND MACHT UNTERNEHMEN VON INNEN HERAUS STARK.

Die Veränderungen sind für jede Organisation individuell und einzigartig. Durch den Ansatz der kleinen Schritte wird eine Kultur geschaffen, die atmet und lebt. Je nach Unternehmen, Reifegrad und Offenheit unterscheiden sich Themen und Maßnahmen in Umfang und Tiefe.

Der ganzheitliche Ansatz des GOODplace-Modells hat sich in der Praxis durch die von GOODplace ausgebildeten Feelgood Manager als umsetzungsstarkes und nachhaltiges Feelgood-Kulturgestaltungs-System bewährt, wie die Praxisbeispiele in Kapitel 8 zeigen werden.

> When people are financially invested, they want a return.
> When people are emotionally invested, they want to contribute.
>
> SIMON SINEK, AUTOR VON „START WITH WHY"

FÜNF STÄRKEN DES GOODPLACE-MODELLS

Das GOODplace-Modell bietet mit der Feelgood-Kultur-Map, den Feelgood-Kultur-Disziplinen, dem Feelgood Management-System und dem Feelgood-Manifest einen ganzheitlichen Ansatz zur Kulturgestaltung, der Mitarbeiter mit ihren Herzen und Fähigkeiten einbindet, das mit fünf Kernleistungen punktet.

Key-Stärke 1: Umsetzung – Ins-Tun-kommen

Meist findet der Einstieg in die Kulturgestaltung durch einen aufwendigen Leitbild- und Werteprozess statt, häufig ohne oder mit nur geringer Beteiligung der Belegschaft. Stolz werden das Leitbild und die Werte in Broschüren, auf der Webseite und anderen Werbemitteln kommuniziert und natürlich über die eigenen Bürowände transportiert.

Bis dahin sind viel Energie und enorme Ressourcen in den Kulturprozess geflossen. Doch die Gefahr, dass im stressigen und eng getakteten Büroalltag der Schwung, die Dynamik und die positive Aufbruchsstimmung verpuffen, ist hoch. Gerade bei der Umsetzung von neuen Ansätzen und Konzepten stehen viele Unternehmen vor großen Herausforderungen. Insbesondere beim „Ins-Tun-kommen", am konkreten Machen, Optimieren und Nachhalten, scheitern viele Projekte. Die enorme Stärke von Feelgood Management liegt zum einen in der Umsetzung, unterstützt durch den Feelgood Manager und einem klaren Systemprozess, zum anderen in der integrierten

Partizipations-Dynamik, die gemeinschaftliches MACHEN stärkt. Denn Machen ist krasser als Wollen.

KEY-ERFOLG:
Die Kernkompetenz des GOODplace-Modells ist der starke Umsetzungsansatz des Feelgood Management-Systems mit integrierter Partizipationsdynamik.

Key-Stärke 2: Selbstverständnis von MACHEN

Das GOODplace-Modell hilft Organisationen, ihr Selbstverständnis von „selber machen" zu kultivieren. Organisationen sind in der Lage, Mitarbeitende bei Veränderungsprozessen aktiv mitzunehmen durch Angebote der Mitgestaltung. Dadurch ändert sich die oft vorherrschende Haltung „Ich kann ja eh nichts ändern" in: „Ich kann mitgestalten, mitmachen und mitdenken ist echt erwünscht."

⇢ **DIE EIGENE FEELGOOD-ARBEITSKULTUR UND -UMGEBUNG MITGESTALTEN IST ECHTE WERTSCHÄTZUNG UND MACHT SPASS!**

KEY-ERFOLG:
Mit dem GOODplace-Modell können Unternehmen ihren Mitarbeitern das Versprechen geben: Wir gestalten unsere Kultur selbst. Wir starten heute mit Feelgood Management und jeder kann mitmachen.

Key-Stärke 3: Aufbau Beziehungskapital/Gemeinschaft

Die wertvollste Ressource des vernetzten Arbeitens ist – neben dem Produktiv-, Finanz- und Wissenskapital in Organisationen – das Beziehungskapital. Menschen sind soziale Wesen und arbeiten im Team produktiver als alleine. Auch im Fußball oder anderen Mannschaftsspielen sind das Zusammenspiel und der Teamgeist, das Wir-Gefühl, die entscheidenden Stellhebel für den Erfolg.

Entscheidend für den Erfolg ist die Qualität von Beziehungen, die wiederum von drei Motiven beeinflusst wird, nämlich:

1. ein gemeinsames Anliegen, das beiden Parteien wichtig ist
2. die Zusammenarbeit selbst, die Freude am gemeinsamen Tun und an dem, was Neues daraus entsteht
3. der gegenseitige Nutzen.

117

Nur Beziehungen, die dieses Zusammenspiel vereinen, heben eine Verbindung auf ein höheres Qualitätsniveau und stellen die Basis für verlässliche und tragfähige Partnerschaften.

> **Wir arbeiten nicht nur gut zusammen –**
> **wir verbringen gern Zeit miteinander.**
> NERDLICHTER, DIGITAL-AGENTUR

Der Aufbau von menschlichem Beziehungskapital – den Wir-Gemeinschaften – gelingt, wenn Mitarbeiter einen vertrauensfördernden Rahmen vorfinden, in dem sie soziale Begegnungen auf informeller Basis pflegen können. Darüber wird Vertrauen und Identifikation mit den Unternehmen aufgebaut.

KEY-ERFOLG:
Feelgood Management kultiviert menschliche Beziehungen und eine Wir-Gemeinschaft, die die emotionale Identifikation mit dem Unternehmen fördert.

Key-Stärke 4: Lernprogramm für digitale/agile Denkweisen

Wenn Organisationen agiles Arbeiten als eine neue Form der Zusammenarbeit anstreben, erfordert das ein neues Mindset der Zusammenarbeit. Doch bislang fehlt es in Unternehmen meist an der Befähigung den Wandel hin zu agilen Arbeitsformen selbst zu gestalten. Die Abkehr von eingefahrenen Denkmustern stellt eine große Herausforderung für viele Firmen dar. Mitarbeiter wurden oftmals bis dato in einem System von Weisung und Kontrolle sozialisiert und sollen jetzt ihre Denk- und Verhaltensweisen in Richtung Selbstverantwortung und Selbstorganisation verändern.

Für Transformationsprozesse stellt das Digital Mindset von Unternehmen eine grundlegende Voraussetzung für den Erfolg dar, es erhöht den Reifegrad gegenüber Veränderungen, erweitert um die Perspektive der Mitgestaltung.

Feelgood Management nutzt die Prinzipien eines Digital Mindsets[120] zum Aufbau der Feelgood-Kultur und ist zugleich auch ein positives Lernprogramm für digitale Denk- und agile Arbeitsweisen.

---

[120] Buhse, W.: Management by Internet. Börsenmedien 2014.

BEISPIEL:

*Der Feelgood Manager initiiert eine Arbeitsgruppe zur Umgestaltung der in die Jahre gekommenen Kaffeeküche zu einem neuen Lounge-Bereich mit Wohlfühl-Charakter – ein echtes Herzensthema der Mitarbeiter. Freiwillige sind eingeladen, ihre Ideen einzubringen und mitzugestalten. Die Arbeitsgruppe agiert **selbstorganisiert**, nutzt zur Planung und Kommunikation Kanban, ein einfaches agiles Planungstool, kommt **regelmäßig zusammen** und stimmt in Stand-ups (Kurzmeetings im Stehen, max. 15 Min.) persönlich und selbstverantwortlich die nächsten Schritte ab.*

Solche Projekte bringen Spaß, schnelle Ergebnisse, persönliche Begegnungen über Abteilungsgrenzen hinweg, stärken das Wir-Gefühl untereinander und ganz nebenbei lernen Mitarbeiter agile Tools und Methoden unter Anwendung der VOPA-Prinzipien (vgl. Kapitel 6) kennen und anwenden. Aus der Hirnforschung wissen wir, dass durch positive emotionale Erfahrungen die eingefahrenen Netze im Gehirn überschrieben werden und dies erst zu wirklichen Verhaltensveränderungen führt.

Erkenntnis: Erst wenn modernes Arbeiten positiv erlebt wird, verändern Menschen ihr Verhalten und ihre Haltung.

Unter aktiver Anwendung einzelner digitaler Werte schafft das Wertschätzungsmanagement im besten Sinne begeisterte Erfahrungen für Mitarbeiter. Aus der Hirnforschung wissen wir, dass über neue positive Erfahrungen neuronale Prozesse gesteuert werden, die das Erfahrene nachhaltig im Gehirn verankern – in diesem Fall das Digital Mindset bei allen Beteiligten.

KEY-ERFOLG:
Das Feelgood Management-System bietet ein positives Lern- und Anwendungsprogramm für digitale Denk- und agile Arbeitsweisen.

Key-Stärke 5: Nährboden für Menschlichkeit/Herzensmitarbeiter

Mithilfe der systematischen Analyse und Erfüllung der Kernbedürfnisse von Mitarbeitern – des körperlichen, emotionalen, mentalen und sinnhaften Wohlbefindens – wird im Rahmen von Feelgood Management der Nährboden für mehr Menschlichkeit geschaffen. Die (neuen) Herzensmitarbeiter, die freudig an der Umsetzung mitwirken, erfahren persönlich eine neue Art der Anerkennung und Entwicklung.

Das GOODplace-Modell, das auf einem qualitativen Wertschätzungsmanagement und offenen Kommunikationsmodellen basiert, trägt zur emotionalen Verbundenheit der Kollegen mit dem Unternehmen bei und fördert das Zugehörigkeitsgefühl innerhalb der Belegschaft.

BEISPIEL:

Wöchentlich feste Gemeinschafts- und Kommunikationsformate wie Check-In und Check-Out stärken das Zugehörigkeitsgefühl und damit die Identifikation mit dem Unternehmen.

KEY-ERFOLG:

Feelgood Management bereitet den Nährboden für mehr Menschlichkeit, Potenzialentfaltung und Kreativität in Organisationen, von der andere Organisationsentwicklungen profitieren und darauf aufbauen können.

Engaging the hearts, minds, and hands of talent is
the most sustainable source of competitive advantage.

GREG HARRIS, QUANTUM WORKPLACE

DER ROTE FADEN DES GOODPLACE-MODELLS

Der rote Faden des GOODplace-Modells liegt in der Freude am gemeinsamen Gestalten mit Gleichgesinnten. Darüber entsteht der Nährboden für Herzensmitarbeiter, Menschen, die sich mit Herz, Hirn und Haltung einbringen wollen und ein starkes emotionales Zugehörigkeitsgefühl und damit wahre Gemeinschaften entstehen lassen.

Mitdenken, Mitgestalten und Mitmachen sind keine Wunschvorstellungen, sondern gelebte Feelgood-Praxis von Herzensmitarbeitern.

⇢ **DIE KERNLEISTUNG DES GOODPLACE-MODELLS IST DIE NEUE FREUDE AM GESTALTEN IN GEMEINSCHAFT MIT GLEICHGESINNTEN, DEN NEUEN HERZENSMITARBEITERN.**

Mein Appell an Unternehmen:

Ein Mitarbeiter, der morgens mit einem Lächeln ins Büro kommt, ist der beste Indikator für wirksames Feelgood Management – besser als jede Kennzahl!

8

FEELGOOD MANAGER

KLISCHEES, AUFGABEN, ROLLEN, AUSBILDUNG, ZUKUNFT

ZIEL EINES FEELGOOD MANAGERS

Grundsätzlich arbeitet der Feelgood Manager an einer lebendigen menschlichen Organisation. Sein Hauptziel besteht darin, durch wertschätzende, menschliche Arbeitsumgebungen hervorragende Leistungen zu ermöglichen.

Feelgood Manager ist man mit Leidenschaft. Wenn mich jemand fragt, was ein Feelgood Manager als Mensch mitbringen soll, sage ich immer: Leidenschaft für Menschen, eine positive Haltung und Ausstrahlung sowie ein hohes Maß an persönlicher Reife und Erfahrung.

Insgesamt trägt die Arbeit des Feelgood Managers dazu bei, dass Mitarbeiter sich als ganzer Mensch mit Herz und Verstand am Arbeitsplatz wertgeschätzt fühlen können. Für Unternehmen stellt jeder hinzugewonnene Herzensmitarbeiter einen Gewinn für das Team, die Kunden und die Zukunft der Organisation dar.

Der Feelgood Manager ist kein Klassenclown, sondern Partner.
JANINE NOVO DE OLIVEIRA, FEELGOOD MANAGERIN BEI FACEBOOK

AUFGABEN DES FEELGOOD MANAGERS

In der Gesamtheit trägt der Feelgood Manager die Verantwortung für den Feelgood-Gestaltungsprozess und dessen Implementierung über das Feelgood Management-System. Außerdem ist er Vertrauensperson sowie Schnittstellenpartner für die Themen Mensch (People), Kommunikation, Wissensaustausch, Workflow, Transformation und Führung. Im Tagesgeschäft eruiert der Feelgood Manager Mitarbeiterbedürfnisse, entwickelt Konzepte und Maßnahmen, stimmt diese mit der Geschäftsführung ab und setzt sie mithilfe von Schnittstellenpartnern und freiwilligen Unterstützern um. Zudem ist der Kulturmanager für einen kontinuierlichen Entwicklungs- und Verbesserungsprozess verantwortlich.

Exkurs: Menschzentrierte Methoden für lebendige Organisationen

Für Frédéric Laloux, den ehemaligen Unternehmensberater, McKinsey-Partner und Autor des Kultbuchs für Organisationsentwicklung *Reinventing Organizations,* sind moderne Managementmethoden menschzentriert, systemisch und Teil der Entwicklung zur lebendigen Organisation.[121]

Gestalter von lebendigen Organisationen arbeiten nach dem Denkprinzip „Manage the system, not the people",[122] entwickelt von Jurgen Appelo, Unternehmer und Autor von *Managing for Happiness.*

Feelgood Management stellt ein modernes Managementsystem dar, das sich menschzentrierter Methoden bedient. Die Funktion des Feelgood Managers liegt in der Gestaltung von optimalen Rahmenbedingungen für eine gelebte Feelgood-Wertekultur.

DER FEELGOOD MANAGER UND SEINE ROLLEN

Der Feelgood Manager ist in seiner gestaltenden und kommunikativen Funktion ein Kulturgestalter, der im Unternehmen verschiedene Anknüpfungspunkte und Schnittstellen hat. Daraus resultieren vier zentrale Rollen:

1. Manager des Feelgood Management-Systems
2. Stimmungs-Seismograph
3. Schnittstellenpartner und Multiplikator
4. Impulsgeber

1. Manager des Feelgood Management-Systems

In dieser Rolle ist es seine Aufgabe, das Feelgood Management-System zu implementieren, zu etablieren und die Feelgood-Kultur weiterzuentwickeln.

---

[121] Laloux, F.: Reinventing Organizations. Ein Leitfaden zur Gestaltung sinnstiftender Formen der Zusammenarbeit. Vahlen 2015.
[122] Appelo, J.: Managing for Happiness, Wiley 2016.

2. Stimmungs-Seismograph

Bei der Belegschaft nimmt der Feelgood Manager die Funktion einer Vertrauensperson ein, die präventiv als Ansprechpartner für Kollegen zur Verfügung steht. Er übernimmt die Rolle eines Stimmungs-Seismographen für Mitarbeiter und Geschäftsführung, der die Vertraulichkeit des Gesprächs wahrt.

3. Schnittstellenpartner und Multiplikator

In dieser Rolle ist es seine Aufgabe, ein Netzwerk von Schnittstellenpartnern, freiwilligen Unterstützern und Kulturbotschaftern in der Organisation aufzubauen, um die Kulturentwicklung auf viele Schultern zu verteilen.

Im Daily Business arbeitet der Kulturgestalter intensiv mit Experten unterschiedlichster Disziplinen und Schnittstellen zusammen, etwa:

- Office-/Event-Management
- People Management/Gesundheitsmanagement/Betriebsrat
- Interne Kommunikation
- Workplace-/Facility Management
- Workflow-/Prozessmanagement
- Interner Coach, Mediator
- Organisationsentwicklung, Agiler Coach/Scrum Master
- Management/Geschäftsführung

4. Impulsgeber

In der Rolle des Impulsgebers öffnet der Feelgood Manager einen Raum und Formate außerhalb des üblichen Arbeitsumfelds, in dem Themen und Impulse für Weiterentwicklung und Austausch in der Organisation cross-funktional möglich sind. Zum Beispiel die Einrichtung einer Bibliothek oder das Angebot von neuen Lernformaten. Das können sogenannte Brown-Bag Lunch Lectures sein, Vorträge und Diskussion während der Mittagspause. Der Lunch wird von der Firma bereitgestellt. Einer trägt vor, die anderen hören zu und stellen Fragen. Der Rahmen ist informell, die Teilnahme freiwillig.

On Top: Neugier-Management

Der Feelgood Manager ist kein Manager im klassischen Verständnis. Ganz im Gegenteil: Ein wichtiger Teil seiner Aufgabe ist es, freiwillige Mitstreiter zu gewinnen. Das gelingt durch den Einsatz eines gut gefüllten Methoden- und Tool-Baukastens mit erfrischend neuen und spielerischen Methoden und Ansätzen aus der agilen und New Work-Praxis.

Neugier ist **der** Treibstoff für Veränderung und Innovation. Auch wenn nicht gleich alle Mitarbeiter erreicht werden, so gewinnt der Feelgood Manager mit jedem einzelnen Kollegen einen Mitstreiter hinzu – bis sie eine kritische Masse erreicht haben und eine Eigendynamik entsteht. Sinnvoll ist daher, Teammitglieder für die Feelgood-Sache zu gewinnen, die von ihren Kollegen besonders geschätzt werden und gut vernetzt sind. Sie sind wichtige Multiplikatoren, die die Lust am Mitdenken, Mitgestalten und den Spaß am Dabeisein nachhaltig verstärken können.

WIRKUNGSBEREICHE DES FEELGOOD MANAGERS

Feelgood Manager wirken als Kultur- und Wertschätzungsverstärker in erster Linie nach innen, das heißt den Blick ins Unternehmen gerichtet. Erst im weiteren Schritt profitiert die Kommunikation nach außen, insbesondere das Employer Branding, vom Prinzip „Tue Gutes und sprich darüber".

Die Tätigkeit des Feelgood Managers wirkt durch Aufbau und Etablierung eines Feelgood Management-Systems und einem Netzwerk an Kulturbotschaftern aus der Mitte des Unternehmens. Die zentralen Handlungsfelder des Feelgood Managers bildet die Feelgood-Kultur-Map ab.

Der Einsatz eines Feelgood Managers hat zahlreiche positive Wirkungseffekte:
- Emotionale Verbundenheit und Identifikation der Mitarbeiter
- Stimmung und Vertrauen
- Vernetzungsgrad der Mitarbeiter
- Mitarbeiterengagement
- Wissensaustausch
- Feedback- und Kommunikationskultur
- Digital Mindset

128

Wie schon erwähnt, nimmt der der Feelgood Manager bei der Belegschaft die Funktion einer Vertrauensperson ein, der die Vertraulichkeit des Gesprächs wahrt. In seiner Rolle als Stimmungs-Seismograph kann der Feelgood Manager infolgedessen frühzeitig präventiv handeln.

Menschen, die über die Gabe der Vertrauenswürdigkeit verfügen, denen Mitarbeiter, Kollegen und neue Bekannte schnell Vertrauen schenken, bringen für den Beruf des Feelgood Managers eine wichtige Schlüsselkompetenz mit.

KLISCHEES ZUM JOB DES FEELGOOD MANAGERS

Seit der Gründungszeit von GOODplace im Jahr 2012 sind mir viele Klischees zum Feelgood Manager begegnet. Der Jobtitel polarisiert und provoziert wie kaum ein anderer. Das ist auf der einen Seite mühselig, auf der anderen Seite zeigt es schnell und ungefiltert die Haltung des jeweiligen Gegenübers zum Thema Wohlfühlen und Wertschätzung im Job.

Manche denken, wenn sie den Berufstitel des Feelgood Managers zum ersten Mal hören, an einen hauptamtlichen Bespaßer – nach dem Motto: „Mach doch mal unsere Leute happy." Andere verbinden mit der Rolle des Feelgood Managers die gute Seele der Firma, die „Office Mom", ansprechbar bei Sorgen und Nöten, die auch schon mal das Toilettenpapier auffüllt, wenn es alle ist. Oder an einen Kümmerer für alles und jeden.

Ganz andere Assoziationen erscheinen vor unserem inneren Auge bei der wörtlichen Übersetzung des englischen Begriffs „feel good", nämlich „sich wohlfühlen". Die direkte Übersetzung verleitet dazu, die Rolle des Feelgood Managers als persönlichen „Wohlfühlmanager" oder „Wellbeing Manager"[123] zu missverstehen.

Der Blick zurück auf die Ursprünge des Feelgood Managements ruft uns in Erinnerung, dass hier kreative Gründerköpfe am Werk waren, die eine neue Wortschöpfung kreiert haben, für das zu bewahrende, absolut wichtige wohlfühlende und verbindende Wir-Gefühl ihrer unternehmerischen Anfangszeit – „feel good" eben.

Ich habe mir die Mühe gemacht, meine Klischee-Sammlung zu durchforsten. Das Ergebnis teile ich gerne. Auf den folgenden Seiten gibt es zur Entkräftung der Klischees die Fakten und das zugrundeliegende Gestaltungsprinzip gleich frei Haus mit.

---

[123] Fendl, G.: Feelgood Manager auf dem Vormarsch – oft verwechselt mit „Wellbeing Manager", 2016. – vgl. https://goodplace.org/feelgood-manager-auf-dem-vormarsch-oft-verwechselt-mit-wellbeing-manager/

KLISCHEE:
Der Feelgood Manager weiß, was für die Kollegen gut ist und hat immer eine Lösung parat.

FAKTEN:
Feelgood Manager analysieren Mitarbeiterbedürfnisse im Rahmen von Feelgood Management, initiieren bedarfsgerechte Maßnahmen und je nach Sachlage mit Unterstützung von Fachexperten.

PRINZIP:
Feelgood Manager arbeiten bedürfnisorientiert.

KLISCHEE:
Der Feelgood Manager ist ein „Kümmerer", die gute Seele der Firma.

FAKTEN:
In der Rolle des Kulturgestalters schaffen Feelgood Manager Formate, die Mitarbeiter befähigen, Maßnahmen und Angebote selbstständig auszugestalten.

PRINZIP:
Feelgood Manager arbeiten nach dem Prinzip: Hilfe zur Selbsthilfe.

KLISCHEE:
Der Feelgood Manager ist ein „Gute-Laune-Bär", der die Leute happy macht.

FAKTEN:
Feelgood Manager schaffen Raum für Pilotprojekte zum freiwilligen Mitgestalten und Mitmachen. Das macht Spaß, bringt Freude und generiert Lust auf mehr. Bewährte Maßnahmen verlassen den Pilotstatus und werden so Teil eines festen Feelgood-Angebots.

PRINZIP:
Feelgood Manager arbeiten mit dem Prinzip: Freiwilligkeit und Partizipation.

KLISCHEE:
Wenn der Feelgood Manager mal Urlaub hat, dann ist mit feelgood Schluss.

FAKTEN:
Feelgood Manager etablieren Prozesse, die zum Mitdenken, Mitmachen und Mitgestalten einladen. Kulturgestaltung wird darüber auf viele Schultern verteilt.

PRINZIP:
Feelgood Manager arbeiten nach dem Prinzip: Multiplizieren.

It is not your job to be everything to everyone.
UNBEKANNTER AUTOR

DIE SIEBEN GEBOTE DES FEELGOOD MANAGERS

In Diskussionen kommt gerne mal die provokant formulierte Frage: Ist der Feelgood Manager nicht doch eine lahme Ente? Eine berechtigte Frage angesichts der noch verhafteten Rollenklischees. Das Risiko, eine neue Rolle zu schaffen, die nicht handlungsfähig ist, enttäuscht die Erwartungen der Kollegen und kann bösen Schaden anrichten, sogar bis zum Verlust von Talenten und Fachkräften.

Aus diesem Grund ist das Empowerment-Mandat der Geschäftsführung einschließlich Verantwortungsbereich, Budgethoheit und organisatorischer Verankerung für die erfolgreiche Arbeit des Feelgood Managers entscheidend.

Die sieben Gebote des Feelgood Managers

1. Oberstes Gebot: Mandat der Geschäftsführung!
2. Strahle eine positive Haltung aus.
3. Setze Impulse und erzeuge Neugierde.
4. Sei unkonventionell, sei mutig, sei kreativ.
5. Mache Positives und Veränderungen sichtbar.
6. Schaffe Vertrauen mit dem Ansatz der kleinen Schritte.
7. Gewinne Gleichgesinnte, baue an einer Botschafter Community.

GOODplace® Sieben Gebote des Feelgood Manager – https://goodplace.org/academy/sieben-gebote-feelgood-manager/

BERUFSPROFIL: FEELGOOD MANAGER

Kompetenzen und Fähigkeiten eines Feelgood Managers: Warum Leidenschaft allein nicht reicht

Jeder, der sich von der Aufgabe des Feelgood Managers angesprochen fühlt, muss wissen, dass er eine unberührte, grüne Wiese betritt. Sein Job ist es nun, hier den Nährboden für einen blühenden und fruchtbaren Garten zu bereiten. Ob aus den Samen Triebe und starke gesunde Pflanzen werden, ist von vielen Faktoren abhängig. Der Feelgood Manager wird erst allmählich durch Ausprobieren, Optimieren und Gestalten zum erfahrenen „Kultivierer". Das setzt neben der Leidenschaft für Feelgood ein hohes Maß an Lern- und Entwicklungsbereitschaft voraus und bei der Geschäftsführung ein gutes Maß an Vertrauen.

Anforderungsprofil

Der wirksame Feelgood Manager ist eine gefestigte, berufs- und lebenserfahrene Persönlichkeit, ist im Idealfall gut vernetzt und respektiert im Unternehmen – kurzum, ein wahrer Herzensmitarbeiter.

Das „Kompetenz-Set" eines Feelgood Managers sollte folgende Kompetenzen und Fähigkeiten umfassen:

Soziale Kompetenzen

- Empathie
- Soziale und emotionale Intelligenz
- Wertschätzende Kommunikation
- Aktiver Beobachter und Zuhörer

Personale Kompetenzen

- Achtsame Haltung
- Feelgood-Werte-Mindset
- Vertrauenswürdigkeit
- Kooperationsfähigkeit

Fachliche Kompetenzen

- Handson-Fähigkeiten
- Organisiertes und selbstgesteuertes Arbeiten
- Beziehungsmanagement
- Networking
- New Work- bzw. Agiles Arbeiten-Wissen

Methodische Kompetenzen

- Analytische Fähigkeiten
- Kreativität
- Systemisches Denken (Hilfe zur Selbsthilfe)
- Methoden- und Tool-Kenntnisse

In seiner Rolle als Kulturgestalter agiert er als Multiplikator, der Begeisterung weckt und den Feelgood-Funken auf Kollegen überspringen lässt.

EIN BERUF MIT VIELEN JOBTITELN

Bei vielen Menschen löst die Jobbezeichnung „Feelgood Manager" positive Emotionen und Neugier aus. Das trifft sowohl für Kollegen, Außenstehende und natürlich auf die Jobinhaber zu.

Je nach Mitarbeiter und Unternehmen können die Jobbezeichnungen für den Kulturgestalter variieren. Dabei ist zu beachten, dass der vom Mitarbeiter selbst gewählte Jobtitel[124] ein geeigneter Indikator dafür ist, dass Titel, Persönlichkeit und Aufgabe gut zusammenpassen. Untersuchungen zeigen, dass dies vor emotionaler Erschöpfung schützt und gut für das Arbeitsklima ist. Dem kann ich nur zustimmen.

Zur Orientierung möchte ich nachfolgend einen Überblick an gängigen Jobbezeichnungen geben, die inhaltlich dem Feelgood Manager-Berufsbild des Fraunhofer Instituts[125] gerecht werden:

---

[124] Grant, A. M./Berg, J. M./Cable, D. M.: Job Titles as Identity Badges: How Self-Reflective Titles Can Reduce Emotional Exhaustion. Academy of Management Journal 2014, 57 (4), S. 1201–1225.

[125] https://goodplace.org/feelgood-manager-berufsprofil-fraunhofer-institut/

- Feelgood Manager
- Kulturgestalter
- Kulturmanager
- Kulturbotschafter
- Kulturbeauftragter
- Feelgood/Workplace Manager
- Feelgood/Workflow Manager
- Feelgood/Community Manager
- Culture Manager
- Culture Officer (Chief Culture Officer in US-Unternehmen)
- Culture Counselor
- Culture and Collaboration Officer
- Culture and Workplace Officer
- Culture Transformation Officer
- Corporate Culture Coordinator
- People and Culture Manager

Die Bezeichnung „Feelgood/Office Manager" ist nur eingeschränkt empfehlenswert. Das Aufgabenspektrum umfasst meist nur administrative Tätigkeiten, während die tatsächliche Kulturgestaltung – wenn überhaupt – oft nur einen minimalen Anteil einnimmt.

Meine Empfehlung lautet: Feelgood Manager/-in.

Cooler Job-Titel – coole Aufgabe?

Mein Rat an Kandidaten und Kandidatinnen für den Feelgood Manager Job:

Wenn die Triebfeder für die Einstellung eines Feelgood Managers eher ein Wegdelegieren von Führungsverantwortung ist, wenn Probleme nicht an ihrer Wurzel angegangen werden dürfen, wenn Bespaßung und Gute-Laune-Management im Vordergrund stehen, ohne den Ursachen von schlechter Stimmung auf den Grund gehen zu dürfen, etwa in Form von Mitarbeiterbefragungen, ist höchste Vorsicht geboten – die Rolle des Feelgood Managers droht eine Alibifunktion im Unternehmen einzunehmen. Hände weg von solchen Jobs!

Mein Rat an Unternehmen:

Wer mit der Schaffung einer Feelgood Manager-Rolle vordergründig ein Marketing-Instrument zur positiven Außenwirkung als attraktiver Arbeitgeber sieht –

Stichwort Employer Branding –, weckt falsche Erwartungen bei den Mitarbeitern und geht das Risiko ein, sein Image zu beschädigen oder gar gute Mitarbeiter zu verlieren.

Die Transparenz über das Betriebsklima ist heute kein alleiniges Hoheitsgebiet von Unternehmen mehr, sondern ein Spielfeld, auf dem Mitarbeiter mitspielen – gefragt oder ungefragt. Im Idealfall auf der unternehmenseigenen Karriereseite in Form von authentischen Mitarbeiter-O-Tönen. Im schlimmsten Fall landen Frust und „feel bad"-Feedback anonym und ungefiltert auf externen Arbeitgeberbewertungs-Plattformen, wie zum Beispiel kununu.

Wo bereits Kultur gestaltet wird

Dass es auch anders geht, zeigen Unternehmen wie Deutsche Post DHL Group, Hamburger Sparkasse, Star Finanz, Markatus und Kreuzwerker um nur einige zu nennen, die für nachhaltige menschliche Kulturgestaltung in ihre Mitarbeiter[126] und in die Ausbildung zum Feelgood Manager mit dem GOODplace-Modell investiert haben.

TIPP:
Eine Übersicht mit Firmen, die bereits Feelgood Manager in der Rolle des Kulturgestalters einsetzen, liefert gute Argumente auf die Frage „Und – welche Firmen haben schon Feelgood Manager?" Eine solche Liste findet sich zum Beispiel unter: www.goodplace.org/wo-feelgood-manager-eingesetzt-werden

ORGANISATORISCHE VERANKERUNG

Wenn ein Unternehmen sich auf die Feelgood-Kulturreise begibt, stellt sich die Frage: Wo in der Organisation soll der Feelgood Manager, der den Kulturprozess vorantreibt und befeuert, verortet sein? Für viele Chefs liegt mit Blick auf die Organisation die Entscheidung nahe: in der Personalabteilung. Doch birgt die organisatorische Verankerung des Feelgood Managers im Personalbereich die Gefahr eines Interessenkonflikts, denn die Neutralität der Rolle ist nur eingeschränkt gewähr-

---

[126] Professionalkreis der Feelgood Manager – ausgebildet von GOODplace, www.goodplace.org/zertifizierte-feelgood-manager/

leistet. Die organisatorische Verankerung des Feelgood Managers hat sich in einer Stabsstelle bewährt, die Unabhängigkeit und Zugang zur Geschäftsführung sichert.

Kurzfristig kann der Feelgood Manager in der Einführungs- oder Pilotphase aus seiner angestammten Funktion und Verankerung heraus tätig sein. Nach einem Zeitraum von etwa sechs Monaten sollte der Wechsel in eine Stabsstelle abgeschlossen sein.

⇢ FÜR DEN ERFOLG IST DIE VERANKERUNG DES FEELGOOD MANAGEMENTS ALS UNABHÄNGIGE STABSSTELLE WICHTIG.

Sinnvoll können auch externe Feelgood Manager als Berater oder Sparringspartner für Feelgood Manager oder Feelgood-Teams sein. Der externe Berater analysiert und begleitet den Kulturprozess, indem er Mitarbeiter und Unternehmen befähigt, aus eigenen Kräften ihre Kultur und ihre Arbeitsumgebung zu gestalten. Der externe Feelgood Manager ist besonders interessant für kleinere Unternehmen.

WEITERBILDUNG ZUM FEELGOOD MANAGER

Es gibt eine Vielzahl an Qualifizierungsangeboten zum Feelgood Manager, die Bandbreite reicht von Online-Kursen, Eintages- und Mehrtageskursen über Fernkurse bis hin zu einjährigen berufsbegleitenden Ausbildungen. Was macht den Unterschied?

Eine einfache Marktrecherche fördert zutage, dass den Weiterbildungsangeboten ein unterschiedliches Qualitätsverständnis des Feelgood Manager-Berufs zugrunde liegt. Damit teilt der Feelgood Manager das Schicksal anderer junger Berufsbilder, insbesondere neuer Berufe der Digitalbranche,[127] etwa der Scrum Master, der Agile Coach oder der Chief Digital Officer.

Berufsdefinitionen existieren – wenn überhaupt – oft in unterschiedlichen Qualitäten. Daher übernehmen verstärkt führende Experten und Fach-Communities die Qualifizierung der neuen Berufsfelder aufgrund ihrer spezifischen Fach- und Branchenkenntnis.

Dank zahlreicher Veröffentlichungen und Interviews auf unserem Fachblog[128] sowie in der Berichterstattung in Handelsblatt, Süddeutsche Zeitung, Berliner Morgen-

---

[127] Das erste umfassende Berufsverzeichnis für die Digitalbranche d-level: www.d-level.de/berufsverzeichnis/
[128] www.goodplace.org/kategorie/blog/

post und Hamburger Abendblatt hat sich GOODplace® den Ruf als Sprachrohr der Feelgood Manager-Zunft[129] erworben.

Als Gründerin von GOODplace und Expertin für Feelgood Management setze ich mich mit dem GOODplace-Modell für hohe Qualitätsstandards für die Feelgood-Kulturentwicklung ein. Das Jobprofil „Feelgood Manager" als Kulturgestalter habe ich aus Qualitätsgründen gemeinsam mit dem Fraunhofer Institut für Arbeitswirtschaft und Organisation, im Rahmen des Projekts Kopfarbeit Index (KAI)[130] entwickelt.[131]

Neue Ausbildungsformate

Für den Aufbruch in die Feelgood-Praxis bietet sich die Ausbildung zum Feelgood Manager im Wechsel von Theorie und Praxis sowie Community-based Learning an. Die Ausbildung sollte modular über einen Zeitraum von etwa fünf bis sechs Monaten aufgebaut sein. Darüber ist die schrittweise Verfestigung des neu erworbenen Wissens durch gezielte Anwendung in der Praxis während der Ausbildung möglich. Die Wissenstransferqoten liegen bei herkömmlichen Schulungen ohne Verlinkung in die Praxis teilweise nur bei 10 Prozent.[132] Mithilfe einer berufsbegleitenden praxisbezogenen Facharbeit wird der Transfer von der Theorie in die Praxis signifikant gesteigert. Zudem sollten in der Ausbildung neben der Methoden- und Tool-Vermittlung das Thema Selbstreflexion und der fachliche Erfahrungsaustausch eine wichtige Rolle spielen. Denn nur so entwickeln sich die Kulturgestalter weiter, und es entstehen sukzessive die Sicherheit und die Erfahrung, die im Berufsalltag gefordert werden.

In diesem Kapitel stellen wir den Ausbildungsablauf am Beispiel der GOODplace®-Fachausbildung zum Feelgood Manager vor.

GOODplace®-Ausbildung zum Feelgood Manager

Die GOODplace®-Fachausbildung zum Feelgood Manager entspricht dem Fraunhofer Qualitätsstandard für das Berufsbild Feelgood Manager als Kulturgestalter, umfasst sechs Module und dauert berufsbegleitend fünf Monate. Die Teilnehmer erlernen mit dem zugrundeliegenden GOODplace-Modell den systemischen Ansatz

---

[129] vgl. www.brandeins.de/magazine/brand-eins-wirtschaftsmagazin/2016/lust/paradies-oder-hoelle

[130] www.businessmanagement.iao.fraunhofer.de/de/leistungsangebot/Unternehmensentwicklung/Kopfarbeits-Index.html

[131] Fraunhofer IAO, Feelgood Manager/in KAI Job-Profil – www.goodplace.org/feelgood-manager-berufsprofil-fraunhofer-institut/

[132] vgl. www.hs-neu-ulm.de/fileadmin/user_upload/Forschung/HNU_Working_Paper/HNU_WP04_Bardens_Massnahmen_zur_Unterstuetzung_des_Lerntransfers.pdf

von Feelgood Management. Zu den Schlüsselthemen Kommunikation, Feedback, Vernetzung und Wissensaustausch lernen sie neue Formate und Tools kennen und diese anzuwenden. Ein zentraler Teil der Ausbildung ist ein sorgsam ausgewählter Methoden-Baukasten, bestückt mit Tools aus dem agilen Werkzeugkasten. Tools und Methoden lernen die angehenden Kulturgestalter in anwendungsbezogener Tiefe kennen.

Es gilt der Grundsatz: learning by doing. In intensiven interaktiven Sessions bauen sie Wissen auf und gewinnen Sicherheit. Lernen und Machen wird im Wechsel spielerisch erlebt. Darüber wird die Hemmschwelle für das konkrete TUN reduziert. Erfahrene Trainer und Coaches unterstützen die Lernenden dabei. Über die integrierte Facharbeit in Form eines Feelgood Management-Konzepts wird die Brücke in die Praxis gebaut und darüber der Wissenstransfer von der Theorie in die praktische Anwendung, dem MACHEN, bis zu 100 Prozent erreicht.

Ausbildungskonzept zum Feelgood Manager

Modul 1	Modul 2	Modul 3	Modul 4	Modul 5	Modul 6
Feelgood Management Basics	Kommunikation + Wissensaustausch	Feelgood Management-Konzept erstellen	Solutions Day	Wissenstest	Zertifikat
Neue Arbeitswelt, Treiber, Mindset	Agile Methoden, Formate, Tools, Skills, Mindset	Training on the Job / Hospitanz	Kollegiale Fachberatung	Online-Prüfung	Aufnahme in Professionalkreis Feelgood Manager
Grundlagen + Systemansatz Feelgood Management			Lösungen für Praxisfälle		Feelgood Manager porträt
			Offsite: Erfahrungsaustausch im Unternehmen		Digital Signet „Feelgood Manager" an Board
			Coaching		

GOODplace® Feelgood Manager-Ausbildung – https://goodplace.org/

Praxisarbeit

Wichtiger Bestandteil der GOODplace-Ausbildung ist der Praxisteil in Form einer berufsbegleitenden Hospitanz (max. drei Monate), im Rahmen dessen als Facharbeit ein Feelgood Management-Konzept für den eigenen Arbeitgeber, das eigene Unternehmen oder für ein Hospitanz-Unternehmen entwickelt wird.

Befähigung

Die GOODplace®-Fachausbildung zum Feelgood Manager befähigt die Lernenden, das GOODplace-Modell anzuwenden und das System Feelgood Management souverän im Unternehmen zu implementieren. Ausgestattet mit einem fundierten Skillset an agilen Methoden, einer Fülle an Impulsen, der engen Verzahnung von Theorie und Praxis sowie durch den integrierten fachlichen Austausch mit der GOODplace-Community, verfügen die angehenden Feelgood Manager über die Kompetenz, als Kultur-Botschafter und -Multiplikator in Unternehmen positiv und nachhaltig zu wirken.

Wenn der eigene Wertekompass auf „feelgood" zeigt

Häufig berichten Ausbildungsteilnehmer, sie hätten durch Zufall oder erst durch Freunde oder Kollegen vom Beruf des Feelgood Managers gehört und das wäre wie ein Pflaster für ihre Seele gewesen. Eigentlich hatten sie gedacht, sie wären irgendwie falsch mit ihrer Vorstellung von Arbeit und Wertschätzung. Doch durch das Berufsbild des Feelgood Managers, der Ausbildung und Interviews mit Feelgood Manager fühlten sie sich bestätigt, dass es vielen anderen Menschen auch so gehe.

Was macht das mit den Menschen?

Bei Menschen setzt die Erkenntnis, dass die eigene Wertehaltung von wertschätzender Arbeit richtig ist, unglaublich viel Energie frei. Ich erlebe diese aufgeladene positive Energie bei unseren Kursteilnehmern fortwährend. Menschen, die wissen, dass der eigene Wertekompass stimmt, blicken zuversichtlich auf die Herausforderungen, die zu bewältigen sind. In der Wissensvermittlung wirkt sich das hochgradig positiv auf den Lerntransfer aus und macht unsere Teilnehmer, mich und mein Team enorm glücklich.

Nach Abschluss der Ausbildung steht jedem Absolventen die GOODplace-Community mit Vernetzungs- und Austauschmöglichkeiten, wie Meetups, Konferenzen und Alumni-Netzwerken offen.

PROFESSIONAL NETWORKING: DIE FEELGOOD MANAGER-COMMUNITY

Die Vernetzung und der fachliche Austausch unter Feelgood Managern sind für die junge Profession der Kulturgestalter von großer Bedeutung. Wie Studien zeigen, werden Netzwerke aus der beruflichen Weiterbildung[133] noch zu wenig genutzt, trotz des hohen Lern- und Wissenstransfer-Potenzials.

Mit der GOODplace Feelgood Manager-Community steht für die Kulturgestalter außerhalb des Betriebs ein tragfähiges Netzwerk für den regelmäßigen, professionellen kollektiven Austausch während und nach der Ausbildung zur Verfügung. Regelmäßig finden verschiedene Netzwerk-Veranstaltungen von Meetups bis Workshops und mehrtägigen Camps in verschiedenen Regionen statt. Teilnehmer profitieren von Vorträgen und Office Safaris, bei denen sie Impulse erhalten, Erfahrungen und Ideen austauschen, Energie auftanken, Gleichgesinnte finden und ihr Netzwerk erweitern können. Manche Teilnehmer empfinden die Feelgood-Netzwerktreffen mittlerweile wie „Familientreffen" – ein Indikator, der für die besondere „Lern- und Austausch"-Atmosphäre unter Gleichgesinnten spricht. – Professional Networking at it's best!

Regional wird die Feelgood Manager-Community von GOODplace Hub Mastern betreut, selbst Absolventen der Ausbildung und als Feelgood Manager tätig.

TIPP:
Einfach mal bei einem GOODplace Feelgood-Meetup vorbeischauen und sich mit Gleichgesinnten austauschen und vernetzen.[134]

GEHALT

Die Bandbreite des Gehalts eines Feelgood Managers richtet sich je nach Standort, Branche und Mitarbeiterzahl des Unternehmens sowie nach Berufserfahrung, Qualifikation und Kompetenzen des Stelleninhabers. Die durchschnittliche Gehaltsspanne[135] bewegt sich zwischen 40.000 und 85.000 Euro Jahresgehalt im deutsch-

---

[133] vgl. www.hs-neu-ulm.de/fileadmin/user_upload/Forschung/HNU_Working_Paper/HNU_WP04_Bardens_Massnahmen_zur_Unterstuetzung_des_Lerntransfers.pdf

[134] www.goodplace.org/termine/kategorie/feelgood-management-meet-up/

[135] www.gehaltsvergleich.com/gehalt/search?jobname=Feel+Good+Manager&location=&radius=15&suchen=Berechnen – Stand: Februar 2019

sprachigen Raum. Im US-amerikanischen Vergleich[136] verdient der Chief Culture Officer (CCO) durchschnittlich zwischen 35.500 US-Dollar und 98.000 US-Dollar im Jahr.

JOBMARKT

Der offene Arbeitsmarkt für Feelgood Manager

Der Feelgood Manager ist ein neues Berufsbild der modernen Arbeitswelt. Im ersten Berufsverzeichnis[137] für die Digitalbranche findet sich der Feelgood Manager in guter Gesellschaft mit weiteren neuen Berufen, wie den Chief Digital Officer oder den Scrum Master. Folglich befindet sich der Stellenmarkt für Feelgood Manager gerade erst im Aufbau.

Viele Firmen suchen oft erst einmal nach einer internen Lösung, da die Rolle häufig im Rahmen eines Pilotprojekts getestet wird. Das heißt jedoch nicht, dass es keine Nachfrage gibt. Das Thema „Kultur" steht definitiv auf der Agenda von Entscheidern und Personalverantwortlichen.

Verdeckter Jobmarkt für Feelgood Manager

Wer jedoch den verdeckten Arbeitsmarkt anvisiert, das heißt die Stellen, die nicht öffentlich ausgeschrieben werden, der kann mit seiner Facharbeit im Rahmen der GOODplace-Ausbildung zum Feelgood Manager proaktiv mit Unternehmen in Kontakt treten. Nach unseren Erfahrungen stehen Firmen, die das Kulturthema auf ihrer Agenda haben, der Hospitanz und dem verlockenden Angebot eines individuellen Feelgood Management-Konzepts, das im Rahmen der Facharbeit erarbeitet wird, offen gegenüber.

Jobeinstieg quergedacht

Das Hospitanz-Angebot macht aus Jobsuchenden plötzlich Anbieter einer interessanten Dienstleistung und zwar ein individuelles Feelgood Management-Konzept

---

[136] vgl. www.ziprecruiter.com/Salaries/Chief-Culture-Officer-Salary – Stand: Februar 2019
[137] vgl. www.d-level.de/berufsverzeichnis

für Firmen. Dadurch verändert sich nicht nur die Rolle des Bewerbers fundamental, sondern auch die Haltung der Unternehmen ihm gegenüber.

Das ist auch die Erfahrung, die Feelgood-Beraterin Tanja Brill während ihrer Ausbildung zum Feelgood Manager bei ihren Gesprächen zur Hospitanz mit interessierten Firmen gemacht hat: „Die Hospitanz bietet einen völlig neuen Ansatz, sich seinen eigenen neuen Job zu schaffen. Der Vorteil dabei ist, dass du neue Unternehmen kennenlernst, ein völlig neues Thema reinbringst, neugierig machst. Dadurch, dass du in keiner Bewerbungssituation bist, ist die gesamte Gesprächssituation sehr entspannt, und du kannst dein eigenes Herzensthema ‚bewerben‘ und hast keine Mitbewerber. "

Nicht jedes Job-Angebot ist passend

Bei der Hospitanzsuche hat Tanja Brill ein Angebot für eine Festanstellung in ihren angestammten Fachgebiet Personal Management erhalten. Das ist ein Traumergebnis für jeden Jobsuchenden. Aber trifft das auch für die Feelgood Managerin Tanja zu? „Glücklicherweise haben wir vorab Probearbeitstage vereinbart. Während dieser drei Tage konnte ich die Unternehmenskultur aufnehmen, die (noch) konservativ und konventionell ausgelegt war. Dabei habe ich festgestellt, dass ich mich in der komplett ‚alten‘ Arbeitswelt nicht mehr wohl fühle, sondern mindestens das ‚Licht der neuen Arbeitswelt‘ sehen und erkennen muss – für mich war das der Hauptgrund für meine Absage."

Über die GOODplace Feelgood Manager-Ausbildung haben viele Absolventen ihren Jobeinstieg als Feelgood Manager in Vollzeit, Teilzeit oder als freiberuflicher Berater geschafft. Ein entscheidender Erfolgsfaktor: Fachausbildung mit Facharbeit!

Mehr als die Vergangenheit interessiert mich die Zukunft,
denn in ihr gedenke ich zu leben.

ALBERT EINSTEIN

ZUKUNFTSPERSPEKTIVE FEELGOOD MANAGER

Ein Beruf mit Perspektiven

Die beginnende Ära der Achtsamkeit im Management[138] öffnet den Weg zur menschlichen und empathischen Firmenkultur. Experten sagen, dass es bei der Digitalisierung in Wahrheit nur zu 10 Prozent um Technologie geht, dafür aber zu 90 Prozent um eine neue Unternehmenskultur. Der Bedarf an Kultur-Wegbereitern, den Feelgood Managern für mehr Spitzenleistung durch Menschlichkeit wird zunehmen.

Bereits im Jahr 2015 wählte das Handelsblatt den Feelgood Manager zu den 13 Berufen mit Zukunft.[139] Die Karrierebibel, eines der größten Online Karriereportale, zählt ihrerseits den Feelgood Manager zu den Berufen mit den besten Perspektiven. Auffällig dabei ist: Unter den Top-Zukunftsberufen ist der Feelgood Manager der einzige nicht technische Digital-Beruf.[140] Ein weiterer Beleg dafür, dass Menschlichkeit als ein wichtiger Gegenpol zur bisherigen Konzentration auf technologische Kompetenzen einzuordnen ist. Die daraus entstehenden neuen Organisationsstrukturen im Spannungsfeld Mensch, Organisation und Kultur erhöhen weiter den Bedarf an Kulturgestaltern. [141]

Zukunftsaussichten von Feelgood Manager

Deutschlandweit gibt es aktuell rund 500 Feelgood Manager, so meine Beobachtungen in den sozialen beruflichen Netzwerken XING und LinkedIn. Vor allem in den nördlichen Metropolen Hamburg und Berlin haben sich die Kulturgestalter schnell verbreitet.[142] Die Tendenz ist weiter steigend.

---

[138] Horx, M.: Megatrend Achtsamkeit. Wie wir einen fast unsichtbaren, aber spannenden Wertewandel erleben, 2016. – www.horx.com/schluesseltexte/megatrend-achtsamkeit/

[139] vgl. www.handelsblatt.com/unternehmen/beruf-und-buero/zukunft-der-arbeit/jobs-in-der-digitalbranche-1-berufe-mit-zukunft/11072838.html

[140] vgl. www.karrierebibel.de/trendberufe-2017/

[141] www.weltderchancen.de/digitale-berufe/

[142] vgl. www.goodplace.org/wo-feelgood-manager-eingesetzt-werden/

Glaubt man Studien, die Google-Suchanfragen nach Trendjobs der vergangenen vier Jahre auswerteten, zählt der Feelgood Manager dazu.[143] Das größte Suchvolumen für Feelgood Manager besteht danach in Hamburg, Frankfurt und München, wobei München die positivste Trendentwicklung aufweist. Das lässt den Schluss zu, dass die südliche Metropole in Sachen Feelgood Manager-Jobs stark auf Aufholkurs ist.

TIPP:
Eine Auswahl an Unternehmen, die Feelgood Manager beschäftigen, finden Sie hier unter: www.goodplace.org/wo-feelgood-manager-eingesetzt-werden/

Trend in US-amerikanischen Unternehmen

Mit Blick auf US-amerikanische Unternehmen zeichnet sich ein neuer Trend von Chief Culture Officer und Chief Customer Officer[144] im Doppel ab. Der Newsletter-Dienst MailChimp, bekannt für seine radikale Kundenorientierung, hat beide Positionen besetzt.

Radikal neu dagegen sind die Positionen des Chief Heart Officer[145] oder des Chief Joy Officer[146], wobei letztere Rolle ein fundamental neues Führungsverständnis lebt.

Das sind ausgewählte wichtige Impulse aus US-amerikanischen Unternehmen, die die Wichtigkeit von Kultur für den wirtschaftlichen Erfolg widerspiegeln.

Die Statistiken und Trends entsprechen unserer Einschätzung:

Der Beruf des Feelgood Managers und Kulturgestalters besitzt beste Zukunftsperspektiven im europäischen Wirtschaftsraum.

Wünsch dir was

Wenn es ein Wunschkonzert für Mitarbeiter gäbe, dann würden 83 Prozent der deutschen Mitarbeiter sich eine Position wünschen, die für eine qualitativ gut erlebte Arbeitszeit verantwortlich ist, so das Ergebnis der Human Experience Studie[147] von Jones Lang LaSalle IP, Inc. Die Position des Feelgood Manager kommt demnach einem echten Herzenswunsch von Kollegen und Kolleginnen gleich. Das ruft nach Wunscherfüllung!

---

[143] vgl. https://de.semrush.com/lp/war-for-talents/img/SEMrush-War_for_Talents-Infografik.png

[144] vgl. www.forbes.com/sites/blakemorgan/2018/01/16/chief-culture-officer-and-chief-customer-officer-a-winning-combination/#199be75c3ab1

[145] Chief heart Officer Vayner Media

[146] Sheridan, R.: Chief Joy Officer, Portfolio/Penguin 2018.

[147] Puybaraud, M.: Global JLL-Studie Human Experience, 2017.

9

FEELGOOD-KULTURGESTALTUNG

PRAXIS-BEISPIELE

NACHHALTIGE KULTURENTWICKLUNG IN DER PRAXIS

Warum sind manche Unternehmen so ungleich viel innovativer und erfolgreicher als andere? Den Unterschied macht ihre Kultur: gelebte Werte, Wertschätzung und Prinzipien der Mitarbeiterzentrierung, nach denen diese Unternehmen handeln. Und ganz einfach auch, weil Arbeiten dort mehr Spaß macht.

Jedes Unternehmen und seine Mitarbeiter sind einzigartig. Deshalb gibt es keine Blaupause und keine Standardlösungen. Der Schlüssel zum Erfolg sind bedürfnisgerechte Maßnahmen! Das GOODplace-Modell mit dem System Feelgood Management ist das Herzstück von nachhaltiger Kulturgestaltung, das Rahmenbedingungen etabliert, die die individuelle und kontinuierliche Weiterentwicklung von Feelgood-Kultur, den Nährboden für Spitzenleistung durch Menschlichkeit, sicherstellt.

Die folgenden Beispiele aus der unternehmerischen Praxis geben einen Einblick in die Individualität und Vielfalt der Maßnahmen.

Wichtig: Alle vorgestellten Praxisfälle sind das Ergebnis einer sorgfältigen Kultur- und Mitarbeiterbedürfnisanalyse, die individuell auf das jeweilige Unternehmen und seine Mitarbeiter zugeschnitten sind. Sie lassen sich nicht eins zu eins auf andere Unternehmen übertragen!

Begeben wir uns also auf eine Feelgood-Kulturreise durch Unternehmen, deren Mitarbeiter an Bord sind, nicht weil sie müssen, sondern weil sie das von sich aus möchten, das Abenteuer „Feelgood" gewagt und eine lebendige Unternehmenskultur gewonnen haben.

FEELGOOD-KULTURREISE |
MARKETINGAGENTUR MARKATUS

„Wir machen uns die Arbeitswelt, wie sie uns gefällt!"
BJÖRN HIEBER, GESCHÄFTSFÜHRER MARKATUS

Firma: Markatus – www.markatus.de
Branche: Marketing/Werbung
Standort: Coburg – Rödental
Mitarbeiter: 20

Die Marketingagentur Markatus mit den Standorten Berlin und Coburg hat 2017 entschieden, den Feelgood Management-Ansatz zu verfolgen. Der externe Feelgood Manager Benjamin Keller wurde an Bord geholt, um den Prozess zu starten und begleitet ihn nun dauerhaft. Die Markatus-Geschäftsführung betrachtet Feelgood als Chance für ihr Unternehmen, sich weiterzuentwickeln und einen sozialen wie auch einen wirtschaftlichen Mehrwert zu generieren. Ihre Haltung: Wenn Arbeit Freude bereitet, weil das Arbeitsumfeld stimmt, rufen Mitarbeiter ein höheres Leistungspotenzial ab, weil sie das aus sich heraus möchten – nicht weil sie müssen. Die Motivation, das eigene Unternehmen mitzugestalten und für den „eigenen Laden" gemeinsam anzupacken, wächst also durch Feelgood. Und das zahlt sich für das individuelle Empfinden des Einzelnen im Unternehmen genauso aus wie für das wirtschaftliche Ergebnis.

Die positiv erlebte Arbeitswelt manifestiert sich zudem in der emotionalen Verbundenheit der Mitarbeiter mit dem Unternehmen. Wer derartige Arbeitsbedingungen vorfindet, so die Erfahrung der Geschäftsführung, muss nicht weiter nach einem beruflichen Zuhause suchen. Feelgood ist aus Sicht von Markatus demnach auch eine personalwirtschaftlich motivierte Entscheidung.

Kulturreise: Tag 1
Der Feelgood-Prozess wurde Mitte 2017 mit einem Kick-off-Meeting gestartet. Im ersten Schritt führte der Feelgood Manager eine Ist-Analyse zur Standortbestimmung durch, in deren Rahmen in persönlich geführten Mitarbeiter-Interviews die individuellen Bedürfnisse abgefragt wurden. Die Analyseergebnisse wurden dem gesamten Team offengelegt. Im zweiten Schritt bekamen Mitarbeiter und Geschäftsführung die Aufgabe, die eruierten Aufgabenfelder zu priorisieren. Dazu zählten:

- Verbesserung der **projektbezogenen Kommunikation**
- Verbesserung der internen **Kommunikation** (abteilungs- und standortübergreifend)
- Etablierung einer konstruktiven **Feedbackkultur**
- Etablierung einer wertschätzenden **Lobkultur**
- Förderung eines ungestörten, **konzentrierten Arbeitens**

Im Rahmen eines Team-Workshops wurden anhand dieser Prioritäten Maßnahmen für die einzelnen Aufgabenfelder erarbeitet und freiwillige Paten für die Umsetzung der Einzelmaßnahmen gefunden. Den Prozess begleitend, behielt Feelgood Manager Keller die Entwicklung der Aufgabenfelder im Auge. Im Laufe weniger Monate verschoben sich die Bedürfnisse im Team, zunächst eruierte Aufgabenstellungen wurden gelöst, neue kamen hinzu. Die Anforderungen, die das Team nun an sein Arbeitsumfeld stellte, wurden spezifischer, wie ausgewählte Beispiele zeigen:

- Strukturierter Umgang mit kritischem Feedback von extern/intern
- Höheres Maß an Selbstorganisation/agilem Arbeiten
- Verbesserung der internen Meetingkultur
- Implementierung von strukturierten/individuellen Weiterbildungsmöglichkeiten
- Etablierung einer Fehlerkultur, gezielte Auswertung und Nutzung von Erkenntnissen

Kulturreise: nach 12 Monaten

Im zweiten Feelgood-Jahr ist bei Markatus bereits viel passiert: Ein wöchentlicher Check-in am Montag und ein Check-out am Freitag versammeln das Team an beiden Standorten zum gemeinsamen Statusabgleich und eröffnen direkte Feedback-Möglichkeiten zu aktuellen Vorgängen. Gemeinsam entwickelte Kommunikations- und Meetingregeln erleichtern die interne Abstimmung im Agentur-Alltag. Das Team hat die Büroräume nach eigenen Wünschen und Vorstellungen umgestaltet, und es gibt klare Spielregeln zum Thema Ordnung im Büro. Individuelle Arbeitshilfen (z. B. Kopfhörer für ungestörtes Arbeiten, ergonomische Schreibtische) wurden angeschafft und die Projektadministration verschlankt. Jeden Mittwoch gibt es vor dem gemeinsamen Team-Meeting ein Agentur-Lunch, zu dem sich alle in der Teamküche einfinden.

Eine besondere Neuheit betrifft die Auswahl passender Bewerber: Hier entscheidet das Team auf Basis eines Probetags gemeinsam über die Personalauswahl. Aber auch im Rahmen des Projektmanagements und der Kundenbetreuung haben die Mitarbeiter mehr Handlungsfreiheit und damit auch mehr Eigenverantwortung erhalten. Mit neu angeschafften Laptops und Remote-Zugriff auf die digitale Ablage der Agentur wurden Homeoffice-Lösungen geschaffen. Damit die Kreativität und gezielte Denkpausen im Arbeitsalltag nicht zu kurz kommen, sorgt eine tägliche Pufferstunde für mehr Raum zum Brainstormen oder Weiterbilden, und der „Walk & Talk" wurde als Tool zum persönlichen Mitarbeitergespräch an der frischen Luft etabliert. Verschiedene Feedback-Methoden wurden vom Team ausprobiert, um die interne Manöverkritik zu ritualisieren und sich gemeinsam zu verbessern, ohne durch die geäußerte Kritik Sensibilitäten beim anderen zu wecken. Lobkärtchen und ein eigens eingerichtetes „Failbook", das Fehler und daraus gezogene Erkenntnisse dokumentiert, spielen in diesem Zusammenhang eine wichtige Rolle.

In regelmäßigen Reviews und beim vierteljährlichen Feelgood-Follow-up mit dem Team überprüft Feelgood Manager Keller mit den Markatus-Geschäftsführern fortlaufend, was aus den gemeinsam erarbeiteten Vorgaben geworden ist und inwieweit die ergriffenen Maßnahmen die gewünschte Wirkung erzielen. Hinterfragt wird dabei, ob die jeweilige Maßnahme gut angenommen wird, sich zur Optimierung im entsprechenden Handlungsfeld überhaupt eignet und inwieweit sie ggf. verbessert oder modifiziert werden sollte. Die Erkenntnis aus diesem Prozess lautet, dass in Agenturen bei Weitem nicht immer der klischeehafte Massagestuhl und der Kickertisch gewünscht werden. Bei Markatus zeigte sich, dass es vielmehr individuelle Stellschrauben oder die strukturelle Verbesserung von Abläufen und interner Kommunikation sind, die ein besseres Arbeitsumfeld ausmachen.

In diesem Zusammenhang ist der Feelgood-Prozess als solcher bereits ein starkes Signal ans Team. Die Botschaft lautet: Hier darfst du dir eine Arbeitswelt schaffen, wie du sie dir wünschst! Das Resultat dieser Selbstbestimmtheit ist eine größere Zufriedenheit bei Mitarbeitern und Geschäftsführern.

Kulturreise: nach 18 Monaten

Nach 1,5 Jahren lässt sich bei Markatus eine positive Bilanz zum Feelgood-Prozess ziehen. So ergab das jüngste Follow-up, dass die emotionale Verbundenheit zum eigenen Unternehmen beim Einzelnen deutlich angestiegen ist. Das korrespondiert in der Breite mit der Empfindung, als Mitarbeiter auf Augenhöhe mit der Geschäftsführung zu sein. Seit jeher flache Hierarchien und nun auch ein sehr selbstbestimmtes Arbeiten, tragen signifikant zu dieser Wahrnehmung bei. Benjamin Keller ist zwischenzeitlich fest ins Markatus-Team gekommen und betreut als Feelgood Manager in Teilzeit nun auch Kundenmandate. Der gemeinsame Output im Jahr 2018 war hoch, das Agenturergebnis das beste seit Gründung im Jahr 2003. Und doch wäre ein Ausruhen auf den guten Ergebnissen die falsche Devise. Feelgood wird bei Markatus als „work in progress" verstanden, denn die Unternehmenskultur lebt und bewegt sich mit den einzelnen Menschen. Sie muss gepflegt und fortentwickelt werden. Für Unternehmen im Agenturgeschäft gilt das in einem besonderen Maße. Nicht selten drückt die Zeit, die Kundenerwartungen sind hoch und der Schreibtisch ist voll. Gerade dann stellen sich die Nachhaltigkeit und Effizienz von Feelgood-Maßnahmen unter Beweis. Was nach Wohlfühlen klingt, ist harte Arbeit. Es wird viel diskutiert, ausprobiert und angepasst, und so gut wie kein Prozess bleibt unangetastet.

Kulturreise: Zukunft

Die jüngste Entwicklung bei Markatus zeigt, dass der Blick dabei stetig vorausgeht: Um dem wachsenden Team und den individuellen Bedürfnissen an das Arbeitsumfeld gerecht zu werden, hat die Agentur ein neues Domizil mit genügend Raum zur Entfaltung erhalten. In jeder Hinsicht.

> **Hier darfst du dir eine Arbeitswelt schaffen, wie du sie dir wünschst!**
>
> BJÖRN HIEBER, GESCHÄFTSFÜHRER MARKATUS

TIPP:
Mehr zur Arbeit des Feelgood Manager von Markatus lesen Sie im Interview unter: www.goodplace.org/feelgood-manager-interview-benjamin-keller/

WAS SEIT JAHREN GELEBT WIRD, HAT NUN EINEN NAMEN | HUBER & FENEBERG

Kultur weiterentwickeln – ausgehend von einer guten Basis

Firma: HUBER & FENEBERG GmbH – www.huber-feneberg.com
Branche: Multifunktionsnetzwerke und Datentechnik
Standort: München
Mitarbeiter: 58

Seit 20 Jahren wird bei Huber & Feneberg in München der Feelgood-Ansatz im Bereich Gemeinschaft gelebt. So gibt es beispielsweise den Besuch auf dem Oktoberfest und die Jahresabschlussfeier mit Skifahren und Eisstockschießen. Jeder, der Lust hat dabei zu sein, ist herzlich eingeladen. So können diejenigen, die Freude an der Sache haben, etwas Schönes gemeinsam erleben. Erfolge und Feste werden gefeiert und individuelle Lösungen für Mitarbeiter ermöglicht.

Durch die Fortbildung einer Mitarbeiterin zur Feelgood Managerin wurde der Handlungsrahmen erweitert, insbesondere über Methoden und Tools. Ziel von Feelgood Management bei Huber & Feneberg ist das Wohlbefinden aller Mitarbeiter nachhaltig herzustellen und einfachere Ordnungs- und Ablaufstrukturen zu schaffen. Einen wichtigen Aspekt nimmt dabei der Wissensaustausch ein. Die Feelgood Managerin ist nicht im aktuellen Tagesgeschäft involviert. Dies ermöglicht ihr, Sachverhalte und Situationen aus anderen Perspektiven wahrzunehmen.

Im Rahmen der Ausbildung wurde berufsbegleitend ein Feelgood Management-Konzept als Praxisarbeit entwickelt. Teil des Konzepts ist die Mitarbeiterumfrage, worauf die folgenden Umsetzungsmaßnahmen aufbauen.

Feelgood-Maßnahmen (innerhalb von sechs Monaten)
- Sensibilisierung für menschliche Wertekultur und achtsame Kommunikation
- Onboarding: Blumenstrauß und Info-E-Mail an alle Mitarbeiter
- Gesunde Snacks: Obstkorb vom regionalen Obsthändler
- Bildervoting für den Wandkalender 2019 (Weihnachtsgeschenk für Kunden und Mitarbeiter)
- Review in der Telekommunikationsabteilung: Was läuft gut, wo ist Luft nach oben, was soll optimiert werden?
- Einführung von Kanban-Boards als Ergänzung zum digitalen Auftragssystem

- Prozessoptimierung zur Vorbereitung von Inhouse-Kundenterminen zur Stärkung der Mitarbeitereigenverantwortung
- Training-Workshops: Retrospektive zur Qualitätssicherung
- Nachhaltigkeit: Wasserflaschenkonsum reduzieren durch individuelle auffüllbare Soulbottles
- Gemeinsames Kochen und Essen in gemütlicher Runde im Unternehmen

Feelgood Manager-Learnings
- Die achtsame Kommunikation wirkt Wunder.
- Die Kulturgestaltung schafft einen Nährboden für die Organisationsentwicklung in Richtung agiles Arbeiten.
- Mitarbeiter sind offener und bringen Anregungen und Ideen ein.
- Kollegen bringen der Feelgood Managerin Vertrauen entgegen; informelle Gespräche sind dabei ein wichtiger Bestandteil ihres Wirkens.

H&F-Learnings
- Kommunikation ist alles.
- „Ich" kann mich einbringen.
- Feedback und Experimentieren sind wertvoll.
- Wissensaustausch macht Spaß.

Was hat sich positiv verändert?
Das gegenseitige Verständnis wächst und die Kommunikation ist achtsamer geworden. Das Bewusstsein für Feelgood Management hat einen hohen Stellenwert erlangt.

Zukunft
Mehr Wissensvernetzung. Weiterhin gemeinsam Erfolge feiern und die Feelgood-Wertekulturentwicklung sowie die Selbstverantwortung und die Eigeninitiative der Mitarbeiter fördern.

Ich gestalte und das wirkt ansteckend.
Die Lust am Mitmachen hat im Kollegenkreis zugenommen.
FRANZISKA SÜSS, FEELGOOD MANAGERIN, HUBER & FENEBERG

TIPP:
Mehr zur Arbeit der Feelgood Managerin von Huber & Feneberg, Franziska Süss,
lesen Sie im Interview unter:
www.goodplace.org/franziska-suess-feelgood-manager-bei-huber-feneberg/

Selbstgestaltete Feedback-Boxen für die Mitarbeiterumfrage –
hohe Teilnahme garantiert.

© Franziska Süß

ARBEITSKULTUR |
DEUTSCHE RENTENVERSICHERUNG BUND

Feelgood-Kulturentwicklung in Behörden – geht da was?

Firma: DRV – www.deutsche-rentenversicherung.de
Branche: Öffentliche Behörde
Standort: Berlin
Mitarbeiter: ca. 150 Mitarbeiter (Dezernat 1121 im IT-Bereich)
Disziplin: Arbeitsplatz

Unternehmen des öffentlichen Dienstes konkurrieren heutzutage mit Firmen in der freien Wirtschaft um talentierte und fähige Arbeitskräfte am Markt. Feelgood kann hier als ein entscheidendes Differenzierungsmerkmal nützlich sein, um wertvolle Mitarbeiter zu binden und personelle Verstärkungen für die eigene Behörde zu gewinnen. Die Deutsche Rentenversicherung in Berlin hat 2017 mit der Unterstützung eines externen Coachs und Feelgood Managers diverse Elemente des Feelgood-Qualitätsrahmens im DRV-Dezernat 1121 (IT-Verfahren zur Riester-Rente) erfolgreich umgesetzt.

Wie wird das gelebt?

Für neu eingestellte Mitarbeiter gibt es ein Willkommenspaket am Arbeitsplatz sowie einen zugeteilten Mentor, der bei der Einarbeitung hilft. Formate wie „Mittagessen mit dem Dezernatsleiter" oder „Scrummaster-Lunch" sorgen dafür, dass das teamübergreifende Gemeinschaftsgefühl gestärkt wird. Ergänzend verhelfen Ausstiegsinterviews mit allen Mitarbeitern, die das Dezernat verlassen, zu wertvollen Hinweisen, was im Bereich noch verbessert werden kann.

Haltung/Wertschätzung

Die frühere Kultur der DRV Bund ist durch starke Hierarchie und ein „Ich-sage-dir-was-du-tun-sollst"-Haltung geprägt gewesen. Nach der Einführung von agiler Arbeit in Scrum-Teams und flankiert von Feelgood-Maßnahmen wurde ein hohes Maß an Selbstorganisation und -ermächtigung in der Belegschaft etabliert. Die Mitarbeiter des Dezernats bestimmen nun mit, wenn es um die Gestaltung der eigenen Arbeitskultur geht.

Mehrwert/Nutzen

Mitarbeitergewinnung und -bindung sind wichtige Ziele der DRV Bund im Wettbewerb um wertvolle Arbeitnehmer. Hierzu leistet Feelgood einen wichtigen Beitrag.

Learning

Die Umsetzung von Feelgood-Maßnahmen in Behörden und Unternehmen der öffentlichen Hand bedarf eines langen Atems und Hartnäckigkeit. Oft sind die einsetzbaren Budgets eher schmal. Dann sind Kreativität und Fantasie gefragt. Trotzdem kann es gelingen, Feelgood-Elemente erfolgreich einzuführen, wenn man Mitarbeiter aktiv einbezieht und vor allem auf Maßnahmen setzt, die in kleinen Schritten zum gewünschten Feelgood-Ziel führen.

> **TIPP:**
> Mehr zur Arbeit des Feelgood Managers Matthias von Mitzlaff lesen Sie im Interview unter:
> www.goodplace.org/feelgood-manager-interview-matthias-von-mitzlaff-drv/

FEHLERKULTUR | GOOGLE

Positive Fehlerkultur: Wir machen Erfahrungen, nicht Fehler.

Firma: google – www.google.com
Branche: IT
Standorte: weltweit
Mitarbeiter: ca. 98.000
Disziplin: Zusammenarbeit

Google hat den Wert einer gut kultivierten Fehlerkultur über indirekte Wege erst wirklich schätzen gelernt. Eine interne HR-Studie[148] „Was macht Teams erfolgreicher und effektiver?" hat das überraschende Ergebnis „psychologische Sicherheit" zutage gefördert. Das Google-HR-Team[149] kam zu dem Schluss, dass Teams, in denen Fehler kein negatives Gefühl oder eine Blöße auslösen, deutlich bessere Teamergebnisse aufweisen.

Wie kann das erreicht werden?
- Gelebte Fehlertoleranz
- Experimentier-(Frei-)Räume schaffen
- Experimentelles Arbeiten fördern, Wissen wird schnell geteilt und aufgebaut
- Anerkennung von Scheitern (z. B. Fehler des Monats, Failure Award)
- Zelebrieren aus Fehlern gewonnene Erfahrungen (z. B. Fuck up-Nights)

Haltung/Wertschätzung
- Fehler ist, was mal passiert. Das gehört einfach mit dazu.
- Wir machen Erfahrungen, nicht Fehler.
- Fehler teilen macht Teams besser.
- Mein Chef weiß, ich gebe mein Bestes.

Mehrwert/Nutzen
- Fehler- und Experimentierkultur steigert die Lernkurve von Teams
- Deutlich bessere Teamergebnisse

---

[148] Digital Offroad, 2018, S. 72 ff.
[149] Ebd.

- Verbesserter Erfahrungs- und Wissensaustausch
- Mehr Innovationen

Learning

Öfter mal die Perspektive wechseln, lohnt sich.

Teams, in denen sich Mitarbeiter emotional sicher fühlen, sind erfolgreicher.

FÜHRUNGSKULTUR | SILBURY

Monatliches Company-Update-Treffen mit integriertem Feedback

Firma: Silbury – www.silbury.com
Branche: IT-Dienstleistungen
Standort: Fürth
Mitarbeiter: 56
Disziplinen: Offenheit, Zusammenarbeit

Jeden Monat gibt es bei Silbury, verpflichtend für alle Mitarbeiter, ein sogenanntes Silbury Update. Bei diesem Company-Meeting sprechen der CEO, COO, das Customer Success Team sowie das Employee Success Team jeweils offen über ihren Bereich, um alle Mitarbeiter gleichermaßen über alle aktuellen Themen bei Silbury zu informieren.

Die Dauer des Company-Updates ist begrenzt auf 60 Minuten, die Moderation, das Timekeeping sowie die Vorbereitung obliegen dem Feelgood Management, das in das Employee Success Team eingebettet ist.

Wie wird das gelebt?

1. Vorbereitung
Die Termine für das Kalenderjahr werden bereits im Januar an alle Mitarbeiter verschickt, so dass auch hier eine klare und rechtzeitige Kommunikation stattfindet.

Zehn Tage vor dem Update kommen alle Bereiche für ein 15-minütiges Briefing zusammen, um sich abzustimmen, wer welche Themen ansprechen wird. Dadurch werden Dopplungen vermieden und gegenseitig Feedback eingeholt, welche Information wichtig und wertvoll für die Mitarbeiter sind. Drei Tage vor dem Update findet in der Regel ein „Dry Run" mit allen Sprechern und der dazugehörigen Präsentation statt – auch hier wird sich nochmal gegenseitig Feedback gegeben.

2. Durchführung
Am Update-Tag selbst werden alle Mitarbeiter begrüßt und man beginnt mit einem gemeinsamen „Warm-up", welches immer ein anderer Agiler Coach oder Scrummaster vorbereitet. Im Anschluss daran spricht jeder Bereich mit einem integrierten Frage-und-Antwort-Teil, bei dem alle Mitarbeiter ihre Fragen stellen können. Den Abschluss bildet ein Feedback-Tool mit der Frage, wie die Mitarbeiter das Update empfunden haben und welche Anmerkungen sie geben möchten.

3. Nachbereitung

Aufgrund des Mitarbeiterfeedbacks finden im Laufe eines Jahres immer wieder Veränderungen im Meeting-Format statt, da dieses Feedback immer gleich aktiv bewertet und umgesetzt wird. Auch dies wird wieder offen an alle Mitarbeiter kommuniziert. Außerdem werden am Ende des Updates die Präsentationsfolien sowie das LIVE gefilmte Video allen Mitarbeitern zur Verfügung gestellt. Somit wird gewährleistet, dass Mitarbeiter, die nicht am Update teilnehmen konnten (z. B. wegen Urlaub oder Krankheit), sich die Informationen später online anschauen können.

Haltung/Wertschätzung

Das Company-Meeting erfreut sich in der Belegschaft stetiger Beliebtheit. Feedback eines Kollegen: „Ich fand es super. Das Format wird – gefühlt für mich – immer offener und ehrlicher."

Mehrwert/Nutzen

Silbury erzielt durch das Company-Update Transparenz und lebt den Wert der offenen Kommunikation. Jeder Mitarbeiter hat dadurch die Chance, sich zu informieren, auch wenn er nicht dabei sein konnte. So wandelt sich die Informationsweitergabe von einer Bringschuld zu einer Holschuld.

Learning

Zum Abschluss des Treffens ist es wichtig, das Feedback der Mitarbeiter zum Meeting-Format einzuholen und umzusetzen (wenn möglich), um für die Mitarbeiter ein wertvolles Update zu schaffen.

TIPP:

Mehr zur Arbeit der Feelgood Managerin von Silbury, Sandra Fritsch, lesen Sie im Interview unter:

www.goodplace.org/arbeiten-auf-augenhoehe-feelgood-manager-bei-silbury/

KOMMUNIKATIONSKULTUR | SILBURY

Kommunikation out of the office: Neue Formen des Austauschs in der Natur

Silbury fördert und unterstützt mit Ge(h)sprächen im Grünen den menschlichen Austausch und Dialog in der Natur. Ein Spaziergang passt in jeden Kalender – auch und gerade in den beruflichen. Denn ein Ge(h)spräch im Grünen ist die ideale Gelegenheit für einen Austausch von Angesicht zu Angesicht.

Neue Qualität braucht Raum und Zeit: In und mit der Natur findet man einfach und unkompliziert Klarheit für unternehmerische Entscheidungen und Inspiration für die Verwirklichung. Zudem gewinnt die Gesundheit.

Insgesamt eine zutiefst menschliche und unternehmerische Win-win-Situation.

Wie wird das gelebt?

Jeder Mitarbeiter geht im Zwei-Wochen-Rhythmus zu einem 30 Minuten-Gespräch zusammen mit seinem Personalverantwortlichen nach draußen ins Grüne, um über seine persönlichen Belange, Entwicklung, Probleme, Herausforderungen frei sprechen zu können. Diese Gesprächsspaziergänge werden als „1&1" bezeichnet.

Ein reguläres Meeting wird, wann immer es geht, als ein „Walk&Talk" durchgeführt, vorausgesetzt, dass keine technischen Hilfsmittel benötigt werden.

Haltung/Wertschätzung

Die Einführung von Walk&Talk und 1&1 vor gut zwei Jahren forderte eine Umstellung in den Köpfen, erstens wegen der investierten Zeit, zweitens wegen des Verlassens der Büroumgebung. Mittlerweile ist das 1&1 ein fester Bestandteil, der von Mitarbeitern auch rigoros eingefordert wird.

Auch ist das Verlassen der Meetingräume eine willkommene Abwechslung, woran zwar manchmal noch erinnert werden muss, so die Erfahrungen der Feelgood Managerin Sandra Fritsch. Der Hinweis, das Meeting in ein Walk&Talk umzuwandeln, stößt aber zumeist auf positive Resonanz.

Mehrwert/Nutzen

1. Nachweislich erhöht sich die Gehirnaktivität im Gehen massiv.
2. Es wird eine Distanz zum gewohnten, alltäglichen und eventuell auch belastenden Umfeld geschaffen.

3. Lösungen lassen sich emotionsfreier angehen (*Anmerkung eines Kollegen: Echt? Find ich jetzt nicht unbedingt. Kann sein, kann aber auch genau gegenteilig sein. Man ist unter sich – kein Kollege in der Nähe. Da kann man dann auch mal die Emotions-Sau rauslassen*).
4. Der Austausch im Grünen fördert die Kreativität und das zahlt positiv auf die Geschäftsprozesse ein.
5. Es entsteht eine Firmenkultur der Agilität und des Vertrauens.
6. Die Dauer des Meetings verkürzt sich, da im Walk&Talk der Fokus weit mehr auf dem Anlass liegt.

Learning

Wer sich in lockerer Atmosphäre dienstlich beim Spaziergang austauscht, gewinnt leichter das Vertrauen anderer, was sich wiederum in der Unternehmenskultur bemerkbar macht.

> Im Gehen findet man den gleichen Takt – die Schritte, der Puls, der Atem passen sich automatisch dem Anderen an. Nach jedem Walk&Talk wächst man ein Stück mehr zusammen.
>
> SANDRA FRITSCH, FEELGOOD MANAGERIN BEI SILBURY

TIPP:
Mehr zur Arbeit der Feelgood Managerin von Silbury lesen Sie im Interview unter:
www.goodplace.org/arbeiten-auf-augenhoehe-feelgood-manager-bei-silbury/

MITGESTALTUNGSKULTUR | KREUZWERKER

Der Culture Club: Kulturentwicklung der vielen Schultern und Herzen

Firma: kreuzwerker – www.kreuzwerker.de
Branche: IT
Standorte: Berlin, München, Zürich, Warschau
Mitarbeiter: 63
Disziplin: Zusammenarbeit

Der Culture Club der Firma kreuzwerker wurde 2018 von der Feelgood Managerin Ulrike König gegründet und versteht sich als repräsentativer Vertreter aller Mitarbeiter.

Das Ziel ist es einen Beitrag zur Weiterentwicklung und Förderung der Unternehmenskultur zu leisten.

Wie wird das gelebt?

Neben der Rolle des „Hüters der Unternehmenswerte" sammelt der Culture Club Impulse aus dem Unternehmen, um daraus Vorschläge zur Verbesserung des beruflichen Alltags zu entwickeln. Getroffene Entscheidungen werden regelmäßig überprüft und gegebenenfalls an veränderte Bedingungen angepasst. Die Mitglieder des Culture Clubs treten immer als neutrale Vertreter ihrer Kollegen auf. Sie teilen Ideen auf Augenhöhe und bringen ihr Wissen, ihre Erfahrung, Kreativität und Begeisterung ein. Sie orientieren sich nicht nur an den Interessen des Unternehmens, sondern auch an der Motivation und dem Wohlergehen ihrer Mitarbeiter.

Die Themenfelder:

- Werte
- Ethik und soziale Verantwortung des Unternehmens
- Arbeitsumgebung
- Wissensaustausch
- Nachhaltigkeit
- Zusatzleistungen für Mitarbeiter
- Events & geselliges Leben
- Feedback Kanal an die Geschäftsleitung

Die Prinzipien:

- Jeder Mitarbeiter, der zur Verbesserung der Unternehmenskultur beitragen will, hat die Möglichkeit, sich für den Culture Club zu bewerben.
- Die Bewerbungsfrist beginnt jeweils zum Ende des Jahres.
- Über das Intranet kann ein Motivationsschreiben eingereicht werden.
- Die Auswahl der Mitglieder erfolgt durch die Feelgood Managerin, die den Culture Club leitet.
- Die Entscheidung, wer Mitglied des Culture Club wird, zielt wie in anderen Teams darauf ab, eine gute Mischung von Vertretern zu finden, die sich durch ihre Talente ergänzen und die geplanten Themen erfolgreich gemeinsam vorantreiben können.
- Um eine stabile Weiterentwicklung aller Themen gewährleisten zu können, beträgt die Mindestdauer der Mitgliedschaft 12 Monate.
- Jedem Mitglied des Culture Clubs wird ein angemessenes Zeitbudget zur Verfügung gestellt, welches ausschließlich für den Culture Club aufgewendet werden darf.
- Der Culture Club erhält ein festgesetztes Jahresbudget, welches er für die Entwicklung und Umsetzung von neuen Themen einsetzen kann.
- Ein Mitglied des Culture Clubs wird als Vertreter im Unternehmensbeirat als feste Größe mitwirken.

Die Kulturtreffen finden monatlich, bei Bedarf zweiwöchig mit Club-Agenda statt. Vorschläge, die bereits als grobes Konzept entwickelt sind, werden vorab online kommuniziert. Somit haben Club-Mitglieder genug Zeit, ein Feedback ihrer Kollegen einzuholen. Grundsätzlich darf die Dauer von 60 Minuten Culture Clubbing nicht überschritten werden. Die Ergebnisse werden im Club-Protokoll festgehalten. News werden per Team Blog-Post intern kommuniziert.

Haltung/Wertschätzung

Unter den Mitarbeitern nimmt das Gefühl der Wertschätzung und Sichtbarkeit zu, da sie sich für ihre Belange und Interessen einsetzen bzw. aus ihren eigenen Reihen vertreten werden können.

Mehrwert/Nutzen

- Kontinuierliche Verbesserung der kreuzwerker Kultur
- Erhöhung der Mitarbeitermotivation
- Stärkung der Verbundenheit mit dem Unternehmen
- Stärkung des Interesses an beruflichen Themen

Learning

Für die Club-Treffen braucht es einen Moderator und Time Manager – das hilft, im angesetzten Zeitraum zu bleiben und einem roten Faden zu folgen. Termine sollten mindestens drei Monate vorher festgelegt sein, optimalerweise unter Angabe des Themas. Eine entspannte Club-Atmosphäre bringt Spaß und gute Ergebnisse.

Kulturarbeit lässt sich nicht mit einer Schulter wuppen.

ULRIKE KÖNIG, FEELGOOD MANAGERIN, KREUZWERKER

TIPP:

Mehr zur Arbeit der Feelgood Managerin von kreuzwerker, Ulrike König, lesen Sie im Interview unter:

www.goodplace.org/ulrike-koenig-feelgood-manager-bei-kreuzwerker/

NEVER-STOP-LEARNING-KULTUR | STAR FINANZ

Teil der Star-DNA

Firma:	**Star Finanz-Software Entwicklung und Vertriebs GmbH – www.starfinanz.de**
Branche:	**IT**
Standort:	**Hamburg**
Mitarbeiter:	**230**
Disziplin:	**Arbeitskultur**

Die Star Finanz ist IT-Finanzdienstleister mit einem ausgeprägten kollegialen Miteinander. Die Mitarbeiter werden „Stars" genannt und als solche mit ihrem „Leuchtkraft"-Potenzial im Sinne von Fähigkeiten und Wissen wahrgenommen. Die Team-Zusammenarbeit wird gefördert, auf Agilität gesetzt und das Miteinander und Lernen an unterschiedlichen Stellen gefördert. Ziel ist es, für die Mitarbeiter ein Arbeitsumfeld zu schaffen, in dem sie sich wohlfühlen, mitbestimmen und ihr Potenzial entfalten können.

Wie wird das gelebt?

Die Teams arbeiten nach agilen Methoden und haben die Freiheiten der Selbstorganisation.

Für ein Miteinander, unabhängig der aktuellen Job- oder Projektanforderungen, wird auf Gemeinschaft und Spaß gesetzt. Die informelle Lernkultur wird mit einem Kompetenz Center, Confluence als Tool für den Wissensaustausch und vielen internen Weiterbildungen und Workshops gelebt. In der Projektarbeit sind Retrospektiven für Teams nicht mehr wegzudenken und Teil der Lernkultur – immer mit Blick nach vorne, wie die Arbeit weiter verbessert werden kann.

Haltung/Wertschätzung

Wertschätzung drückt sich auf ganz unterschiedliche Art und Weise aus: zwischen Kollegen mit dem Wertschätz-Button, auf Company-Ebene durch regelmäßige Feedback-Runden in unterschiedlichen Formaten und auf Projektebene über die Retrospektiven, die fester Teil der Star-DNA sind.

Mehrwert/Nutzen

Die Star Finanz profitiert sehr von den Fähigkeiten, der Treue und Begeisterung ihrer Stars. Das drückt sich auch in der Lernbereitschaft gegenüber neuen Tools, Methoden und agilen Arbeitsweisen aus. Damit der Star-Mitarbeiter seine höchste Leuchtkraft erreichen kann, wurde Anfang 2019 die Position der Kulturmanagerin geschaffen, die die weitere Ausgestaltung der passenden Rahmenbedingungen vorantreibt.

Learning

Das größte Learning oder die schönste Erkenntnis ist, dass die Mitarbeiter die besten Botschafter der Star Finanz sind. Welchen Anteil die Lernkultur dabei einnimmt, ist nicht eindeutig zuordenbar. Fest steht: Die Stars empfehlen ihre Firma ihren Freunden und Bekannten und sehen in ihnen neue Stars. So gesehen sind die heutigen Mitarbeiter die erfolgreichsten Kultur-Botschafter und damit Recruiter.

> Nach 18 Jahren Star Finanz noch immer begeisterter Star zu sein,
> ist wohl auch ein Zeichen einer angenehmen Arbeitskultur.
> Ohne den Wert Mensch als Teil des Leitbilds und die gelebte
> Menschlichkeit in der Star Finanz wäre ich nicht so lange geblieben.
>
> DANA GIELNIK, PERSONALLEITUNG, STAR FINANZ

TIPP:
Mehr zur Arbeit von Dana Gielnik, Personalleiterin und Feelgood Managerin von Star Finanz, lesen Sie im Interview unter:
www.goodplace.org/feelgood-manager-interview-dana-gielnik/

VERNETZUNGSKULTUR | COMSPACE

Mit talee ist Vernetzung im Unternehmen einfach und macht Spaß

Firma: Comspace – www.comspace.de
Branche: IT
Standort: Bielefeld
Mitarbeiter: ca. 100
Disziplin: Zusammenarbeit

Bei der Digitalagentur comspace war Feelgood Management 2014 der richtige An-satz, um die Aufmerksamkeit auf Kulturthemen zu lenken und die Kollegen dafür zu sensibilisieren, diese gemeinsam weiterzuentwickeln. Heute ist die Rolle auf mehrere Schultern verteilt und in den Bereich „People & Culture" integriert. Was geblieben ist? Zum Beispiel das Motto „Arbeitszeit ist Lebenszeit" – und den Fokus auf die Menschen im Unternehmen und ihre Stärken zu legen. comspace gibt den Talenten der Kollegen mit „talee" eine eigene Plattform und bringt sie quer über Abteilungen und Hierarchien zu Events zusammen. So werden Denk-Silos aufgebrochen und neue Verknüpfungen entstehen.

Wie wird das gelebt?

Für die Umsetzung wurde ein digitales Tool entwickelt (www.talee.de). Dort wird alles organisiert und sich immer wieder neu vernetzt: ob bei dezentral organisierten Team-Events, Lunchlotto-Runden oder 10-Minuten-Treffen. Eine Person muss im-mer den Anfang machen, je diverser und ausgefallener die ersten Events sind, umso besser. Dabei steht neben den fachlichen auch die Stärkung der persönlichen Netz-werke im Vordergrund. Ob Heavy-Metal-Abend bei der Geschäftsführung, Bonsai schneiden mit der Personalabteilung oder Instagram von den Azubis lernen – alles ist möglich.

Haltung/Wertschätzung

In der Praxis merkt man schnell, welche Vorteile es hat, im Unternehmen mehr zu sein als ein Verbund von Menschen, die zufällig miteinander arbeiten. Es entsteht ein neues Gefühl der Verbundenheit und des Austauschs – die Basis für gutes Arbeiten und eine innovative Kultur. Alle Kollegen bekommen die Möglichkeit, sich einzu-bringen und so aktiv das Unternehmen mitzugestalten.

Mehrwert/Nutzen

Digitalisierung hat nicht nur etwas mit Technik zu tun, sie ist eine Veränderung der kompletten Arbeitskultur. Moderne Organisationen entwickeln sich von starren, hierarchischen Strukturen hin zu dezentralen, lernenden Netzwerken. Mit talee können die Kollegen das Netzwerken im Unternehmen sehr niedrigschwellig starten. Hier ist Raum für fachlichen und privaten Austausch. Die Events sind von Kollegen für Kollegen, das heißt nicht von oben gesteuert. Die Profile zeigen Kompetenzen und Interessen, sodass man schnell Ansprechpartner oder Experten in der eigenen Organisation findet. Alle profitieren von einer offenen Kultur, in der man sich gemeinsam mit dem Unternehmen weiterentwickeln und Impulse setzen kann.

Learning

Eine neue Vernetzungskultur entsteht nicht von allein. Besonders in der ersten Phase müssen einige beispielhaft vorangehen und den ersten Schritt auf die Kollegen zumachen.

> Feelgood Management ist für uns schon lange aus dem Bereich HR herausgewachsen. Für uns ist es elementarer Teil der Digitalisierung, die Kollegen miteinander zu vernetzen und somit Teil der Innovationsstrategie.
>
> HANNA DRABON, INTRAPRENEURIN BEI COMSPACE MIT TALEE.DE

TIPP:

Mehr zur Arbeit von talee lesen Sie unter: www.talee.de

VERTRAUENSKULTUR | BEISELEN

Wie Kultur über 26 Standorte erlebbar gemacht wird

Firma: Beiselen – www.beiselen.de
Branche: Agrarhandel
Standorte: 26 Standorte in Deutschland und Österreich mit Sitz in Ulm
Mitarbeiter: 650
Disziplin: Gemeinschaft

Das Familienunternehmen Beiselen entwickelte zum 125. Jubiläum ein Leitbild mit den Unternehmenswerten. Aus der Frage, wie diese Werte verstärkt mit Leben gefüllt bzw. erlebbar gemacht werden können, wurde das Mittler-Konzept entwickelt. „Mittler" sind Mitarbeiter, die Unternehmenswerte zwischen Hierachien und Konfliktparteien vermitteln, Maßnahmen initiieren und Ideen sowie Stimmungen aufnehmen. Aufgrund der vielen verschiedenen Standorte und der großen Distanzen (Ostsee bis Wien) wurden freiwillige Unterstützer vor Ort gesucht, die neben ihrer täglichen Arbeit das Betriebsklima als Mittler stärken. Stand heute sind es 30 Mittler.

Wie wird das gelebt?

Die Kultur-Mittler treffen sich mindestens zweimal im Jahr, um auf dreitägigen Workshops aktuelle Bedürfnisse und Fragestellungen zu behandeln, zu diskutieren, wertschätzende Kommunikation und Konfliktbewältigung zu erlernen, sich auszutauschen und Aktionen zur Stärkung des Betriebsklimas zu erarbeiten.

Daraus entstandene und umgesetzte Ideen, die von freiwilligen Arbeitsgruppen in Projekten bearbeitet werden, sind teils standortübergreifende, teils individuelle Aktionen mit einer Brandbreite von Kalender-Leitbild, Tauschbörse, Workshops, Spendenwaffel, Mitorganisation der Betriebsfeier, bis hin zu kleinen wertschätzenden Aufmerksamkeiten.

Haltung/Wertschätzung

- Höhere Motivation durch stärkeres Einbringen und Mitgestalten des Unternehmens
- Querschnitt der Belegschaft (gewerblich, kaufmännisch) ist vertreten
- Mitarbeiter sehen sich in stärkerem Maße gesehen sowie wertgeschätzt

Mehrwert/Nutzen (aus Unternehmenssicht)

- Durch zusätzliche, verschwiegene Ansprechpartner kommen wichtige Informationen zutage, auf die eingegangen werden kann
- Mittler als aktive und motivierte Multiplikatoren der Unternehmenswerte
- Gewinn von neuen und bedürfnisnahen Impulsen

Learning

Werte auf dem Papier ändern nicht zwangsläufig etwas. Und nicht jeder Mitarbeiter wird darüber erreicht. Die Unterstützung von Mitarbeitern, die den Mehrwert einer starken Unternehmenskultur sehen und Spaß daran haben, aktiv mitzugestalten, sind unglaublich wertvoll.

TIPP:
Nicht überfordernd, sondern Schritt für Schritt mit langfristigem Denken ran gehen. Wertearbeit braucht ihre Zeit.

© Beiselen

Am Nikolaustag versteckte sich an jedem Arbeitsplatz eine „MittlerLaus" mit der Aufschrift „Heute ist der einzige Tag, an dem wir anderen was in die Schuhe schieben sollten." – eine Aktion, hervorgegangen aus einem der Kulturtreffen, die humorvoll auf einen Unternehmenswert verweist.

TIPP:
Mehr zur Kulturarbeit von Beiselen lesen Sie unter:
www.beiselen.de/ueber-uns/leitbild

WERTSCHÄTZUNGSKULTUR | HAMBURGER SPARKASSE

Wenn der Chef zum Geburtstags-Frühstück einlädt

Firma: **Hamburger Sparkasse – www.haspa.de**
Branche: **Bank**
Standort: **Hamburg**
Mitarbeiter: **ca. 5.000**
Disziplin: **Gemeinschaft**

Die Filialleitung der Hamburger Sparkasse einer Region lädt jeden ihrer knapp 100 Mitarbeiter einmal zu einem gemeinsamen Geburtstags-Frühstück ein. Das Besondere: Alle Geburtstagskinder eines Sternzeichens werden zusammen eingeladen. Demnach werden also alle „Steinböcke" der Region im darauffolgenden Monat vom Chef zum Frühstück gebeten. Sozusagen als nachträgliches Geburtstagsgeschenk.

Wie wird das gelebt?
Seit fast zwei Jahren ist das Sternzeichen-Frühstück fester Bestandteil der Haspa-Kultur in den Hamburger Regionen Billstedt und Sachsenwald. Idee und Initiative wurde vom Feelgood Manager der Hamburger Sparkasse entwickelt.

Haltung/Wertschätzung
- Die Mitarbeiter fühlen sich wertgeschätzt.
- Sie sind positiv überrascht über die vielen „Seelenverwandten".
- Die Mitarbeiterzufriedenheit hat rasant zugenommen.

Mehrwert/Nutzen
- Mitarbeiterzufriedenheit schafft Kundenzufriedenheit und Erfolg.
- Vernetzung über die einzelnen Filialen und formellen Kreise hinaus
- Silodenken wird abgebaut
- Teamgedanken fördern

Learning

Weniger ist mehr: Je kleiner die Gruppen, desto mehrwertiger. Jeder Teilnehmer hat so gefühlt mehr vom Chef. In kleineren Gruppen herrscht eine bessere und ungezwungenere Kommunikation. Max. 8 Personen sind optimal.

> **Der Mensch lebt nicht von Brot allein.**
> **Einmal im Jahr darf es gern ein Sternzeichen-Frühstück sein. :o)**
> MAIK TRAPPMANN, FILIALLEITER UND FEELGOOD MANAGER

TIPP:

Mehr zur Arbeit des Feelgood Managers der Hamburger Sparkasse, Maik Trappmann, lesen Sie im Interview unter:

www.goodplace.org / feelgood-manager-interview-maik-trappmann-hamburger-sparkasse/

WILLKOMMENSKULTUR | TRUSTYOU

90 Tage Onboarding-Programm

Firma: TrustYou GmbH – www.trustyou.com
Branche: Software – SaaS
Standorte: München, San Diego, Tokyo, Cluj, Singapur
Mitarbeiter: 180 Mitarbeiter (weltweit)
Disziplin: Gemeinschaft

Die Software-Firma TrustYou befand sich 2017 in einer starken Wachstumsphase auf dem Weg vom dynamischen Start-up zum erfolgreichen mittelständischen Unternehmen. In dieser Zeit hat eine Mitarbeiterin im Rahmen ihrer Ausbildung zum Feelgood Manager eine Umfrage zur Mitarbeiterzufriedenheit durchgeführt. Das Ergebnis war überraschend, die Beschäftigten fragten sich: Was wird von mir hier bei TrustYou erwartet? Die Erwartungshaltung und die Werte des Unternehmens galt es besser zu kommunizieren, im optimalen Fall von Tag 1 eines neuen Mitarbeiters an. Nur mit zufriedenen Mitarbeitern und einem guten Arbeitsklima ist es möglich, die Unternehmensziele zu erreichen und als Firma gemeinsam zu wachsen.

Wie wird das gelebt?

Über ein Drei-Phasen-Onboarding-Programm von 90 Tagen, das von der Feelgood Managerin entwickelt wurde, werden jeden Monat im Hauptsitz in München ein Onboarding für neue Mitarbeiter aus Deutschland und den Standorten San Diego, Tokyo, Cluj, Singapur durchgeführt. Der Mitarbeiter erhält am ersten Tag eine individuelle Onboarding-Karte mit Trainingsplan, Zielsetzung und Meilensteine entsprechend seiner Position. In den drei Phasen von je 30 Tagen werden kleinere Projekte und Ziele bearbeitet. Mitarbeiter-Feedback ist dabei ein sehr wichtiger Teil. Es gibt regelmäßig strukturiertes Feedback mit dem Onboarding Manager und der Führungskraft. Nach 90 Tagen wird der Einarbeitungsprozess mit einer Mitarbeiterumfrage abgeschlossen. Ein eigener Onboarding Manager ist zudem verantwortlich für die Koordination. Jede Abteilung hat ihre Präsentationen und ist Teil des monatlichen Onboardings. Mentoren sind aktiv und organisieren gemeinsam mit den „Newbies" After-Work-Aktivitäten.

Haltung/Wertschätzung

Die Willkommenskultur bei TrustYou wird geschätzt und gelebt: „Vielen Dank, so ein gutes Onboarding hatte ich noch nie.", „Das fühlt sich gut an und macht Spaß." sind das positive Feedback von neuen Kollegen. Jede Abteilung macht gerne mit und trägt mit Trainings und Präsentationen oder auch Best Practice-Sessions bei.

Mehrwert/Nutzen

Das Onboarding ist ein erfolgreicher Bestandteil der Willkommenskultur von Trust You geworden.

In der 90-Tage-Umfrage wurde für 2018 ein super Ergebnis erreicht. Neue Mitarbeiter sind nicht nur viel schneller eingearbeitet und eingegliedert, sondern wissen, was sie zu tun haben, an wen sie sich wenden können und kennen die Prozesse im laufenden Betrieb. Regelmäßiges Feedback während der Onboarding-Phase hilft, Probleme früh zu erkennen und entsprechend darauf zu reagieren. Über das Onboarding-Programm wird die standort- und abteilungsübergreifende Vernetzung gefördert – das stärkt das Gemeinschaftsgefühl ungemein.

Learning

Das Onboarding-Programm ermöglicht dem Feelgood Manager von Tag 1 eines neuen Mitarbeiters an dabei zu sein und ihn bei seiner „Employee Journey" zu begleiten. Regelmäßiges Onboarding-Feedback fördert die Transparenz und Offenheit, auch in Zusammenarbeit mit den Führungskräften. Der Feelgood Manager leistet aktiv einen Beitrag zum ergebnisorientierten Arbeiten und für zufriedene Mitarbeiter.

Wichtig: Die Ergebnisse müssen messbar sein und gegenüber der Geschäftsleitung und den Mitarbeitern kommuniziert werden. Das schafft Vertrauen in die neue Position. Bei TrustYou ist die Feelgood Managerin nun verstärkt als People Operations & Culture Manager tätig.

The Power to Listen! Feedback is easy, powerful and actionable!

TRUSTYOU

TIPP:

Mehr zur Arbeit der Feelgood Managerin von TrustYou, Sara Gonzales, lesen Sie im Interview unter:

www.goodplace.org/sara_gonzales_feelgood_management_trustyou/

Team-Frühstück mit den TrustYou KollegenInnen

WIR-KULTUR | F&P

Ein Shuttle-Service stärkt die Wir-Kultur & fördert die Kommunikation

Firma: F&P GmbH – www.fp.de
Branche: IT
Mitarbeiter: 100 – 150
Standorte: Leipzig und Selbitz
Disziplin: Kommunikation

Ende 2016 widmete sich Anja Neumann, Feelgood Manager bei F&P, dem Thema interne Kommunikation. Die übergreifende Kommunikation der Mitarbeiter an den beiden Standorten Leipzig und Selbitz führte in der Vergangenheit häufig zu Herausforderungen in der Zusammenarbeit. Eine Mitarbeiterumfrage machte diese Problematik deutlich. Als Lösungsansatz wurde ein Shuttle-Service ins Leben gerufen, der es den Mitarbeitern ermöglicht, gemeinsame Meetings ohne Hürden wahrzunehmen und den standortübergreifenden Austausch zu fördern.

Wie wird das gelebt?

Seitdem befördert ein Bus maximal acht Kollegen im Drei-Wochen-Rhythmus zum jeweils anderen Standort. Auf der eineinhalbstündigen Fahrt können sich die Mitarbeiter auf ihre Meetings vorbereiten oder die Fahrt für einen lockeren Austausch nutzen. Vor Ort haben die Mitarbeiter dann fünf Stunden Zeit, um gemeinsame Projekte zu besprechen, Termine wahrzunehmen oder einfach nur, um als Ansprechpartner präsent zu sein. Hin und zurück innerhalb der täglichen Arbeitszeit von durchschnittlich nicht mehr als acht Stunden.

Zusätzlich hat sich das Shuttle als fester Bestandteil des Onboardings neuer Kollegen etabliert: Jeder neue Mitarbeiter besucht direkt zu Beginn den anderen Standort, lernt die Kollegen kennen und legt damit den Grundstein für eine erfolgreiche Zusammenarbeit.

Haltung/Wertschätzung

F&P liegt die störungsfreie und erfolgreiche interne Kommunikation sehr am Herzen, weshalb die Förderung des standortübergreifenden Austausches besonders im Fokus steht. So arbeiten alle Mitarbeiter an gemeinsamen Zielen und können diesen Rahmen nutzen, um ihre Potenziale zu entfalten und das Miteinander zu stärken.

Mehrwert/Nutzen

Eine erneute Umfrage belegt, dass sich die interne Kommunikation dank des Shuttle-Services wesentlich verbessert hat. Die Mitarbeiter sind zufriedener und produktiver in der täglichen Zusammenarbeit und können ihre gemeinsamen Projekte erfolgreicher umsetzen. Zudem wird das Wir-Gefühl standortübergreifend konstant gestärkt und das Verständnis für die Arbeit der Kollegen wächst.

Learning

Mittlerweile wird das Shuttle so gut genutzt, dass bereits weitere Sonder-Shuttles gebucht und den Mitarbeitern zusätzlich Fahrten mit dem hauseigenen Dienstwagen oder Mietautos angeboten werden. Es vergeht keine Woche, in der nicht mindestens ein Tag individuell genutzt wird, um zum anderen Standort zu „shuttlen" – ob von einem oder mehreren Kollegen.

Wer ebenfalls vor der Herausforderung steht, effektives Arbeiten über mehrere Standorte hinweg zu ermöglichen, sollte über eine solche Maßnahme nachdenken. Diese ist zwar etwas kostenintensiver, fördert jedoch die Zusammenarbeit, stärkt das Wir-Gefühl im gesamten Unternehmen und erhöht die Zufriedenheit und Produktivität jedes einzelnen Mitarbeiters, der diese Möglichkeit in Anspruch nimmt. Aus Erfahrung kann das Unternehmen zudem bestätigen, dass Mitarbeiter diese Möglichkeiten wertschätzen und die Bindung an das Unternehmen wächst.

TIPP:

Mehr zur Arbeit der Feelgood Managerin von F&P, Anja Neumann, lesen Sie im Interview unter:

www. goodplace.org/feelgood-manager-interview-anja-neumann/

WORK-LIFE-KULTUR | F&P

Wohlfühlbüro für eine gesunde Work-Life-Balance

Firma: F&P GmbH – www.fp.de
Branche: IT
Mitarbeiter: 100 – 150
Standorte: Leipzig und Selbitz
Disziplin: Arbeitsplatzgestaltung

Die F&P GmbH hat sich 2017 einem Wandel der Unternehmenskultur unterzogen. Im Zuge dessen hat der Leipziger Standort neue Räumlichkeiten bezogen und dies zum Anlass genommen, das neue Büro und zugleich den Selbitzer Standort entsprechend den Bedürfnissen der Mitarbeiter neu zu gestalten.

Wie wird das gelebt?

Das Architekten-Team von design2sense stand dem Unternehmen zur Seite und hat gemeinsam mit der Geschäftsleitung und den Mitarbeitern die Anforderungen in einem Workshop erarbeitet. Dieser legte den Grundstein für das heutige moderne, mitarbeiterfreundliche und funktionale Büro. In der Umsetzungsphase stellte die Feelgood Managerin von F&P eine wichtige Schnittstelle zu den Innenarchitekten dar.

Entstanden sind neben den zentralen und schicken Großraumbüros viele Rückzugsorte wie High Back-Sofas, kleine und große Meetingräume mit flauschigen Teppichen, flexiblen Sitzmöglichkeiten sowie individuell anpassbarem Equipment. Die Teppiche laden regelrecht zum Hinlegen, Sitzen und Barfußlaufen ein und machen die Räume so richtig gemütlich. Zudem sind alle Meetingräume mit moderner Konferenztechnik und großen Whiteboards ausgestattet.

Die zentralen Orte sind die offenen und funktionalen Küchen mit praktischem Tresen, langer Esstafel bzw. mehreren Tischgruppen, um das tägliche gemeinsame Mittagessen zu zelebrieren. Somit steht einem aktiven, kommunikativen und kreativen Arbeiten nichts mehr im Wege.

Mehrwert/Nutzen

Die Büroräume bieten den Mitarbeitern aufgrund ihrer freundlichen Raumgestaltung, den ausreichenden Rückzugsmöglichkeiten und des durchdachten Designs ein Wohlfühlklima, das zur Arbeit einlädt.

Wertschätzung/Anerkennung

F&P ist es wichtig, dass sich die Mitarbeiter in ihrem täglichen Arbeitsumfeld wohl-fühlen und sich bestmöglich in ihrem Arbeitsalltag entfalten können. Freiraum für Kreativität und den Austausch untereinander sowie praktische Teambüros standen bei der Neugestaltung im Fokus.

Learning

Nach dem Umbau ist vor dem Umbau. Aufgrund der schnellen Veränderungen in der heutigen Arbeitswelt passt das Unternehmen ihre Büros immer wieder auf die aktuellen Bedürfnisse an. Vorherige Meetingräume werden zu neuen Teambüros oder entsprechend der Gegebenheiten umgestaltet.

> **Das schönste Kompliment von Besuchern ist übrigens:**
> **„Kann ich hier auch arbeiten?"**
>
> ANJA NEUMANN, FEELGOOD MANAGER, F&P – CREATING COMMUNITIES

TIPP:
Mehr zur Arbeit der Feelgood Managerin von F&P, Anja Neumann, lesen Sie im Interview unter:
www.goodplace.org/feelgood-manager-interview-anja-neumann/

10

WAS IST ZU TUN?

APPELL AN UNTERNEHMEN:
ERKENNEN SIE IHRE HERZENSMITARBEITER

Der Managementexperte Reinhard Sprenger, den ich sehr schätze, hat in seinem Buch *Radikal digital*[150] über die Wiedererkennung des Menschen geschrieben. Mit Digitalisierung der Technik wird vieles automatisiert. Jedoch brauchen wir – laut Sprenger – für Themen, die zukünftig Wertschöpfung bringen, Mitarbeiter, die kreativ sind, kooperieren und kundenorientiert denken. Wenn Firmen die drei Ks – Kunde, Kooperation und Kreativität – im Blick haben und als Stärke pflegen, werden sie, so der Managementexperte, auch in Zukunft erfolgreich sein. Im Mittelpunkt steht dabei der Mensch Mitarbeiter mit seinen psychosozialen Fähigkeiten.

Die Zukunft einer Organisation liegt in den menschlichen Fähigkeiten ihrer Mitarbeiter und manifestiert sich vor allem in ihrer kristallinen Intelligenz[151], die Essenz aus Urteilsvermögen, praktischem Wissen, Erkenntnis, Lebenserfahrung sowie die soziale Fähigkeit, intelligent mit Unvorhersehbarem umzugehen.

Wenn es eine Zukunft geben kann für Sie und Ihre Firma, dann nur über Gestaltung sinnvoller Arbeit und Wertschätzung Ihren Mitarbeitern gegenüber, ungeachtet, ob junges Talent oder kristallin erfahren.

Sprenger geht noch weiter. Für ihn werden Unternehmen künftig nur erfolgreich sein, wenn Sie motivierte und eigenständige Mitarbeiter als Individuen und Vertrauenspersonen schätzen – mit anderen Worten, in ihnen Ihre Herzensmitarbeiter sehen, denen es eine Herzensangelegenheit ist, einen guten Job zu machen.

Mein Appell an Unternehmen: Schaffen Sie ein wertschätzendes Feelgood-Arbeitsumfeld. Etablieren Sie Feelgood Management! Erkennen Sie Ihre Herzensmitarbeiter. Kultivieren Sie Ihre Menschlichkeit. Denn: Der Return of Investment von Herzensmitarbeitern, die sich engagieren – nicht weil sie müssen, sondern weil sie es von sich aus möchten –, ist, dass Ihr Unternehmen in fünf Jahren noch am Markt relevant ist – sprich existiert!

---

[150] Sprenger, R. K.: Radikal digital, Deutsche Verlags-Anstalt 2018.
[151] Cattel, R. B.: Zweikomponententheorie der Intelligenz, 1971. – https://de.wikipedia.org/wiki/Raymond_Bernard_Cattell

APPELL AN MITARBEITER:
ZUKUNFT WIRD HEUTE GEMACHT

Wollen wir nicht alle Herzensmitarbeiter sein? Unsere Arbeitszeit als erfüllte Lebenszeit erleben?

- Teil eines großartigen Teams sein.
- Etwas Sinnhaftes leisten, wertgeschätzt werden und dabei am Markt gewinnen.

Die Zukunft wird heute gestaltet – von Menschen, nicht von Maschinen! In diesem Moment und niemals zu irgendeinem anderen Zeitpunkt! Wir müssen jetzt, genau jetzt, sofort anfangen, Dinge zu ändern bzw. zu gestalten. Und dazu kann jeder und jede seine bzw. ihre eigenen Möglichkeiten und Freiräume nutzen.

Das müssen wir uns nur klar machen. In uns steckt eigentlich deutlich mehr Potenzial, als wir gerade davon ausleben und es ist noch viel Luft nach oben.

> **Es geht im digitalen Zeitalter nicht mehr um Technologie,**
> **sondern darum, wie wir diese digitale Arbeitswelt für uns gestalten wollen.**
>
> RICHARD DAVID PRECHT

Viele Unternehmen und Führungskräfte wissen um die Wichtigkeit, den eigenen Kulturwandel anzugehen. Bekannte und bewährte Vorgehensweisen funktionieren nicht mehr. Verantwortliche sind offen für Impulse, Ideen und neue Ansätze. Jetzt ist der passende Zeitpunkt, sich einzumischen und das eigene Herzensthema Feelgood Management mutig vorzustellen.

Die Chance, gehört zu werden, ist so gut wie noch nie zuvor. Wenn die Argumente ausgetauscht sind, steht dem „Experiment" Feelgood Management und der Rolle Feelgood Manager nichts im Weg.

Jetzt beginnt die Zukunft für mutige Mitarbeiter und Führungskräfte gleichermaßen!

Jetzt ist es an der Zeit, den Spielraum zu nutzen und das eigene Arbeitsumfeld aktiv zu gestalten – jetzt mit Feelgood Management loszulegen!

Appell: Machen Sie Feelgood zu Ihrer Herzensangelegenheit!

DANKE

An dieser Stelle möchte ich mich herzlich bei allen bedanken, die mich bei diesem Buchprojekt begleitet, unterstützt und ihr Wissen mit mir geteilt haben. Allen voran meine Familie, die mir das gute Gefühl gab, dass das Buch, das in meinem Kopf schon existierte, endlich geschrieben werden muss und unsere Familienzeit dafür geteilt haben. Danke, ihr Lieben!

Einige Menschen haben einen wichtigen Anteil bei der Entstehung dieses Buches, sie haben mich inspiriert, auf dem richtigen Weg zu sein, allen voran Chandran Nair, mein ehemaliger Chef und Vorstand der größten Umweltberatung in Asien, der Global Institute for Tomorrow (GIFT) – Think Tank für globale Zukunftsfragen in Hong Kong gegründet und seine Vision gegen die Business-Karriere eingetauscht hat.

Der Journalist und Autor Markus Albers, der mehrere hochspannende Bücher zur neuen Arbeitswelt, darunter Morgen komm ich später rein, geschrieben hat. Er hat – ohne es zu ahnen – bei unserem ersten Kennenlernen in Berlin den Impuls für dieses Buch gegeben.

Einen wichtigen Anteil daran, dass das Buch in dieser inhaltlichen Form erscheint, haben für mich wertvolle Sparringspartner, beginnend bei weitsichtigen Unternehmenslenkern und Denkern, engagierten GOODplace-Botschaftern, die großartige GOODplace-Community – Absolventen/-innen der Fachausbildung zum/zur Feelgood Manager/-in, Pia Schaf und Gaby Bohle von der Brainery, mein Team und meine Kunden, deren Diskurs und Feedback mich mit großer Dankbarkeit erfüllen.

Besonders dankbar bin ich Ute Flockenhaus, die mich befähigt hat, aus meinem Buch im Kopf ein strukturiertes Werk zu machen und den ersten Schritt zu tun. Ich möchte auch dem metro**politan** Verlag und meiner Lektorin Melanie Krieger danken, für ihre feinfühlige, großartige Unterstützung. Außerdem bei Maike van den Boom für ihren skandinavischen Blick und ihre wunderbare Haltung: „Wer nicht lebt, kann auch nicht arbeiten."

Ganz zum Schluss möchte ich mich bei all den Menschen bedanken, die unerschütterlich an das Potenzial, das in jedem einzelnen Menschen steckt, glauben und mir ihr Vertrauen schenken.

Monika Kraus-Wildegger

LITERATURVERZEICHNIS

Appelo, J.: Managing for Happiness, Wiley 2016.

Bosch, U./Henschel, S./Kramer, S.: Digital Offroad: Erfolgsstrategien für die digitale Transformation. Haufe 2018.

Buhse, W.: Management by Internet: Neue Führungsmodelle für Unternehmen in Zeiten der digitalen Transformation. Börsenmedien 2014.

Bundesministerium für Arbeit und Soziales, Abschlussbericht zum Forschungsprojekt „Unternehmenskultur, Arbeitsqualität und Mitarbeiterengagement in den Unternehmen in Deutschland", 2005.

Butler, J./Guiliano, P./Guiso, L.: The Right Amount of Trust. Journal of the European Economic Association 2016.

Cattel, R. B.: Zweikomponententheorie der Intelligenz, 1971.

Fendl, G.: Feelgood Manager auf dem Vormarsch – oft verwechselt mit „Wellbeing Manager", 2016.

Fredrickson, B.: Die Macht der guten Gefühle: Wie eine positive Haltung Ihr Leben dauerhaft verändert. Campus 2011.

Goleman, D.: EQ. Emotionale Intelligenz. dtv 1997.

Grant, A. M./Berg, J. M./Cable, D. M.: Job Titles as Identity Badges: How Self-Reflective Titles Can Reduce Emotional Exhaustion. Academy of Management Journal 2014, 57 (4), S. 1201–1225.

Groscurth, Ch.: Future-Ready Leadership: Strategies for the Fourth Industrial Revolution. PRAEGER FREDERICK A 2018.

Grün, A./Janssen, B.: Stark in stürmischen Zeiten. Ariston 2017.

Hofstede G./Hofstede. G.: Cultures and Organizations: Software of the Mind, 2010.

Horx, M.: Megatrend Achtsamkeit. Wie wir einen fast unsichtbaren, aber spannenden Wertewandel erleben, 2016.

Hüther, G.: Etwas mehr Hirn, bitte. Vandenhoeck & Ruprecht 2015.

Kohl-Boas, F./Winkler, B.: Good work. Good culture. Organisationsentwicklung, Heft 4/2017, S. 23.

Laloux, F.: Reinventing Organizations. Ein Leitfaden zur Gestaltung sinnstiftender Formen der Zusammenarbeit. Vahlen 2015.

Lilius, Jacoba M.: What good is compassion at work?, 2003.

Max-Neef, M. A.: Human Scale Development, Dag Hammarskjöld foundation. Development Dialogue 1989.

Mayo, E.: Hawthorne und die Western Electric Company. In: ders., Probleme industrieller Arbeitsbedingungen. Verlag der Frankfurter Hefte 1945, S. 108–113.

Mois, T./Baldauf, C.: 24 Work Hacks. sipgate GmbH 2016.

Oswald, A. J./Proto, E./Sgroi, D.: Happiness and Productivity, University of Warwick 2008.

Puybaraud, M.: Global JLL-Studie Human Experience, 2017.

Rose, N.: Der ROFL-Faktor – was glückliche Mitarbeiter bewirken, 2015.

Schwartz, T.: The Way We're Working Isn't working: The four forgotten needs that energize great performance. Free Press 2011.

Sheridan, R.: Chief Joy Officer: How Great Leaders Elevate Human Energy and Eliminate Fear. Portfolio 2018.

Sheridan, R.: Joy Inc.: How we built a workplace people love. Portfolio 2013.

Sprenger, R. K.: Radikal digital. Deutsche Verlags-Anstalt 2018.

Traindl, A./Roland, J.: Neuromagnetic Studie 2000, 2004, LIM Studie, 2001.

Wittneben, L./Wulff, K./Morcinek, S.: Pausenkicks. Das ultimative Job-Workout für Körper, Kopf und Stimme. Campus 2018.

Bildnachweise

© Gaby Bohle

Monika Kraus-Wildegger

Wirtschaftsinformatikerin und Volkswirtin, ist Vordenkerin, Autorin und Speakerin für Human Work und Neue Arbeitswelt.

2012 gründete sie ihre Firma GOODplace (www.goodplace.de), die Unternehmen und Personen befähigt, Feelgood-Kultur zu gestalten. GOODplace setzt auf die drei Empowerment-Säulen Qualifizierung, Beratung und kollektiver Wissensaustausch. Gemeinsam mit dem Fraunhofer Institut entwickelte sie den Qualitätsstandard für das Berufsprofil Feelgood Manager und etablierte die führende Fachausbildung für Feelgood Manager im deutschsprachigen Raum. Ihr Motto: #FeelgoodMakesWorkaGOODplace